减糖新生活

中国人爱吃的减糖家常菜

主 编 刘 铭 李曦铭

副主编 翟 静 李 汇 杨 雪

编 者 （按姓氏汉语拼音排序）

高俊霞 李 汇 李曦铭 刘 铭

杨 雪 翟 静 张同杰

天津出版传媒集团

天津科技翻译出版有限公司

图书在版编目（CIP）数据

减糖新生活：中国人爱吃的减糖家常菜 / 刘铭，李曦铭主编 . -- 天津 ： 天津科技翻译出版有限公司，2024.11. -- ISBN 978-7-5433-4540-9

Ⅰ . TS972.161

中国国家版本馆 CIP 数据核字第 2024B6F871 号

减糖新生活 ： 中国人爱吃的减糖家常菜

JIAN TANG XIN SHENGHUO:ZHONGGUOREN AI CHI DE JIAN TANG JIACHANGCAI

出　　　　版：天津科技翻译出版有限公司

出 版 人：方　艳

地　　　　址：天津市南开区白堤路 244 号

邮政编码：300192

电　　　话：（022）87894896

传　　　真：（022）87893237

网　　　址：www.tsttpc.com

印　　　厂：三河市九洲财鑫印刷有限公司

发　　　行：全国新华书店

版本记录：889mm×1194mm　16 开本　10 印张　180 千字

　　　　　　2024 年 11 月第 1 版　2024 年 11 月第 1 次印刷

　　　　　　定价：39.80 元

目　录

第三章　　适合上班族的减糖便当

第四章　健康减糖的豆蛋及其制品

第七章　时尚减糖甜点

正确认识减糖

糖，到底是什么？

　　减糖饮食减的是什么？是指少吃或者不吃主食吗？要想弄明白什么是减糖饮食，首先要知道糖类到底是什么。

　　蛋糕、点心、甜味饮料等这些含糖的食物，总是能轻易给人们带来甜蜜和快乐。但摄入过多的糖，导致近年来肥胖率和糖尿病患病率持续升高，而且肥胖人群和患病人群逐渐趋于年轻化。除了我们能明显尝到甜味的食物中含有糖以外，其实一些没有甜味的食物也含有糖。下面，让我们来了解一下糖类的相关知识。

　　所谓的糖类，不仅仅指白糖，还包括碳水化合物除去膳食纤维后剩下的部分，而在碳水化合物中，膳食纤维的含量非常少，因此可以认为，碳水化合物几乎全都是由糖类构成的。我们日常的主食，如米饭、面条、面包，以及根茎类蔬菜，如土豆、红薯、山药，这些食物都含有大量的碳水化合物。

含糖量多的食物

糖类分为单糖、双糖、寡糖和多糖

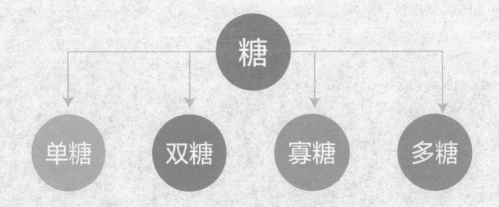

单糖

日常生活中很多常见的糖都为单糖，例如水果里的果糖、蜂蜜里的葡萄糖、乳品里的半乳糖。单糖易被人体吸收，其中葡萄糖吸收得最快。其他单糖的吸收速度低于葡萄糖。如果出现低血糖的情况，可以通过服用葡萄糖缓解不适。

寡糖

寡糖存在于天然的蔬果中，例如芦笋、洋葱、豆类、柠檬等。寡糖不易被消化吸收，但能很好地被益生菌利用，促进益生菌繁殖。寡糖不易被消化吸收，因此有助于延缓血糖升高，也常被用于预防糖尿病，同时还可以调节肠道功能。

双糖

常见的蔗糖、麦芽糖和乳糖都是双糖。双糖在被分解为单糖后，才能被人体所吸收，吸收的速度较单糖慢，比多糖快。蔗糖就是典型的双糖，富含蔗糖的食物有甘蔗、甜菜等。

多糖

我们吃的米、面、土豆等，都富含多糖。多糖，包括淀粉、纤维素、果胶等，需要被消化分解为葡萄糖才能被人体吸收。血液中的葡萄糖为人体提供热量，如果一时消耗不了，就会以糖原的形式存储在肝脏和肌肉中。当摄入的糖分超过了肝脏和肌肉的存储范围时，多余的糖就会转变为脂肪。因此，食糖过量的人容易肥胖。

为什么要减糖？

摄入过量糖的危害

肥胖

人体摄入糖并经过消化吸收后，一部分会消耗用于供能，一部分会作为糖原存储在肌肉和肝脏中，剩余的大部分糖会被人体转化为脂肪。另外，糖还能通过作用于神经系统而抑制饥饿感，让我们想要摄入更多的糖，从而导致肥胖。

精神萎靡、易犯困

糖会短暂地让人的心情变好，充满能量。可是当血糖值下降后，内心的幸福感和满足感就会逐渐减弱，只能依靠补充更多的糖来满足，这就陷入了恶性循环。糖类还会刺激肠道产生血清素，使人精神萎靡、易犯困。

皮肤老化和身体衰老

血液中的糖会附着在蛋白质上，它们不仅会破坏胶原蛋白、弹力蛋白等蛋白纤维，导致皮肤出现皱纹或松弛下垂等现象，还会使身体内的抗氧化酶失效，不能抵抗紫外线等外部侵害。

与糖相关的各种疾病

研究表明，一个人只要每天多摄入由糖类转化而来的热量150卡（1卡约等于4.18焦耳），患糖尿病的风险就会增加1.1%。糖尿病患者如果食用大量糖类食物，会严重损害身体功能，服药效果也会变差。如果人们摄入过量的糖，还会造成龋齿、胆固醇紊乱，损害肝脏，诱发心脏病，甚至加大罹患癌症的风险。

减糖饮食的好处

健康瘦身

减糖饮食可以让人们均衡摄入必需的营养元素，例如富含蛋白质的肉、蛋、鱼等，富含膳食纤维的蔬菜等，这样就能科学、轻松减脂，无须节食。

消除疲劳，保持心情愉悦

减糖饮食可以让餐后血糖平缓上升，血糖相对稳定，能够缓解饭后犯困、疲惫、嗜睡的情况，还能减少人们的情绪波动，保持精力充沛的状态。摄入充足的蛋白质还能平衡人们身体内的激素水平，提高睡眠质量。

预防糖尿病及与糖相关的疾病

摄入适量的糖类，可以避免餐后血糖骤升而消耗胰岛素，达到预防糖尿病的目的。血糖平稳上升能够降低破坏血管壁的风险，摄入充足的蛋白质还能提升血管的修复能力，有效预防动脉硬化。

改善皮肤、延缓衰老

减糖饮食可以维持肌肤正常的新陈代谢，改善皮肤粗糙和干燥的情况，让皮肤水润有弹性。减糖还能呵护血液和血管，从身体内部延缓衰老。

减糖饮食：
建立瘦身的良性循环

减糖不仅有助于身体健康，而且还能快速瘦身。但是，大多数人的饮食仍以精制淀粉及含糖量较高的食物为主，因此，身体无法开启瘦身的开关，使减重变得相当困难。

一般的减重法主张控制油脂及总热量的摄入，减糖饮食则不同，其是控制碳水化合物的摄取。对于长期大量摄入碳水化合物的人来说，实行减糖饮食后减重效果会特别明显。

蛋白质作为身体必需的营养要素，应该积极摄取，它并非瘦身的"敌人"，所以一般被认为减重大忌的肉类是可以放心食用的。除此之外，酒类中也有很多含糖量低的品种。如此一来，进行减糖饮食既不用忍受饥饿，也不用刻意选择口感寡淡的食材，想要坚持下去非常容易，并且不易反弹。

对于某些嗜糖如命的人来说，刚开始进行减糖饮食可能会比较痛苦，但当身体适应一段时间之后，他们会发现自己不仅变得更瘦、更美了，而且更健康了，不知不觉养成了易瘦的体质。

在减糖饮食初期，务必做好功课，弄清楚各种食物含糖量的多少，慢慢调试出适合自己的低糖菜谱。

习惯减糖饮食，让身体习惯燃烧脂肪

　　为什么摄取过量的糖类容易发胖呢？人体有三大营养物质——糖类、蛋白质、脂肪，由于糖类最容易被身体所利用，因此人体摄取了糖类之后，身体会优先将其转化为能量来利用，等糖类消化完之后，才开始消耗体内的脂肪。也就是说，过多地摄入糖类物质，会使身体几乎没有机会消耗脂肪，多余的脂肪就会以"肥肉"的形式储存在身体里。另外，人体摄入糖类之后，身体会分泌胰岛素来降低血糖，而胰岛素会刺激人想吃更多的糖，从而陷入恶性循环，不知不觉摄入越来越多的糖类，造成肥胖。

　　明白了以上原理，那么很容易理解减糖饮食的诀窍，就是少吃含糖量高的食物。蛋白质和脂肪不会直接导致血糖升高，可以正常摄取。通过少吃糖类，多摄取蛋白质、脂肪、维生素等营养素，身体就会逐渐适应先消化脂肪，从而达到瘦身的目的。脂肪分解后产生的酮体也会被身体用作能量来源，加速脂肪的燃烧。身体一旦建立起这种良性循环，自然就容易瘦下来。

○减糖瘦身的良性循环

1　降低糖类的摄取量

少吃米饭、面条、面包之类的高碳水食物，均衡摄取肉类、鱼类、蛋类、豆制品等高蛋白食物，以及蔬菜、水果和有益油脂。

2　身体转换消耗能量的系统

减糖之后，身体从优先消耗糖类的供能方式，逐渐转换成优先燃烧脂肪的供能方式。

3　大量燃烧脂肪

脂肪分解后产生酮体，酮体又能加快脂肪燃烧的速度。

4　建立起瘦身的良性循环

以酮体为能源，身体即可正常运作。体内不再分泌过多胰岛素，不会想吃甜食，也不会堆积脂肪。

持续瘦身

减糖饮食的3个阶段，开启瘦身模式

　　减糖饮食会使身体摄入的糖分大大减少，因此需要给身体一个逐渐适应的过程，最后使身体习惯这种饮食结构，达到新的平衡状态。我们可以大致上把减糖饮食分为适应期、减量期、维持期3个阶段。

适应期
每餐饭含糖量＜ 20 克
（每天摄入总糖量＜ 60克）

减量期
每餐饭含糖量＝ 20 克
（每天摄入总糖量＝ 60克）

维持期
20 克＜每餐饭含糖量＜ 40 克
（60 克＜每天摄入总糖量＜ 120 克）

适应期

　　为了让身体迅速适应减糖饮食，建议将每道菜的含糖量控制在5克以下。

　　在这个阶段，每餐摄取的糖类必须低于20克，一天摄入的糖类总量不多于60克。这可能是比较具有挑战性的一个阶段，但由于刚刚开始实行减糖饮食，自信心和热情较足，因此大部分人都能够顺利地度过这一阶段。

　　适应期的最短时间为1周，如果能坚持2周效果会更好。在这段时间里，需要努力适应大幅降低糖类摄取量的饮食方式，对于之前习惯摄入大量糖分的人来说，最好先熟记哪些食材可以选用，哪些食材尽量不要选用，列出一份清单。例如，调味料可使用盐、胡椒、酱油、味噌、沙拉酱、八角、桂皮、茴香、香草、柠檬等，避免使用番茄酱、豆酱、淀粉等，学会享用食材的原味。

　　适应期唯一的秘诀，就是彻底断绝含糖高的饮食，不要犹豫不决。如果出现空腹、焦虑、头痛等不适症状，可以补充椰奶或椰子油来缓解。

减量期

　　减量期建议采用含有肉类、鱼类、蛋类、豆制品的食谱，蔬菜食谱及汤品和炖菜，享受多变的减糖饮食，增加坚持的动力。

　　经过1~2周的适应期，便可进入减量期，每餐摄取的糖类可比适应期稍多，但也不能高于20克。

　　减量期持续的时间每个人不等，需要持续进行，达到目标体重为止。但一般而言，体重一旦达到与身高匹配的标准后，就很难再大幅下降，继续减重还有可能损害健康，因此务必科学设定目标体重。这一时期由于摄入了足够量的蛋白质，因此在减重的过程中也能维持健康和美丽。

　　可稍微吃些鲜奶油、无糖酸奶，根茎蔬菜也可偶尔食用，每餐摄入的总糖量不超过20克即可。过程中如果感到难以坚持或者体重出现暂时的波动，请不要影响心情，持之以恒才是成功的关键。

维持期

　　除了减量期可以选择的食谱，还可以适量选择甜点，并可少量摄取胡萝卜等含糖量高但营养丰富的食材。

　　一旦达到目标体重，就可以进入维持期了。在这个阶段，可以少量摄入前两个阶段中完全不能摄入的食材和菜品，但也要时刻注意避免体重反弹，建议慢慢地增加糖类的摄取量，避免一次摄入太多。

　　有些含糖量高的食物，如意大利面、比萨等，很容易无意中吃太多，这有可能导致减糖饮食前功尽弃，因此要时刻保持清醒，按照先前的习惯，先计算好含糖量再食用，切不可凭感觉来决定每种食物的摄取量。

让减糖饮食
100%成功的4个心法

做任何事情，首先要树立正确的观念，这样才容易成功，减糖饮食也不例外。作为不同于传统减重观念的新式减重方法，减糖饮食打破了人们对于脂肪的恐惧，并要求将每一餐的糖分摄取进行量化。时刻牢记以下4个心法，将对你大有帮助。

心法1：记住万事开头难，度过最艰难的前2周

对于习惯了三餐必有碳水化合物类主食的中国人来说，减糖饮食是一种全新的饮食方式。在最初的2周务必拿出意志力，严格按计划实施减糖饮食，直至身体逐渐适应。如果不够坚决，比如慢慢地降低糖分摄入量，就好比一边踩油门、一边踩刹车，不仅无法达到效果，也会让身体感到不适，在心理上也无法戒除对主食的依赖。

心法2：接受"高蛋白"和"高脂肪"的饮食新观念

根据减糖饮食的理论，在日常饮食中需要避开的只有糖分，而富含蛋白质的肉类、鱼类、海鲜、蛋类、奶制品等，以及富含良性油脂的坚果类，则可以足量摄取，这样就可保证身体所需的能量和营养成分，在整个减重过程中也不会感到饥饿难耐。必须刻意限制食量，这也是减糖饮食的一大优势。因此，在开始减糖饮食之前，务必接受"能吃肉、不能吃糖"这一全新的饮食观念，切勿与其他的减重饮食理论相混淆。

心法3：减少外出就餐，将每一餐的含糖量掌控在自己手中

减糖饮食需要持之以恒，一旦将糖分的摄入量降下来，就不能三天两头超标，如果经常在外就餐，就很难保证减糖饮食的顺利进行。想要瘦下来，需养成自己做饭的习惯，自己做饭便于灵活掌握材料、调味料、分量，每餐吃了多少糖可以精准计算。对于工作繁忙、很难每天下厨的人，可以按照本书的建议一次做好数天分量的菜品，放入冰箱冷藏，同样能逐渐养成减糖的饮食习惯。

心法4：养成饮食习惯，不被暂时的体重影响心情

如果严格实施减糖饮食，通常在短时间内便可以迅速地减轻体重，实现瘦身。但仍然有两个需要注意的问题：第一，减糖饮食追求的是健康瘦身，一旦体重下降到标准体重，就很难继续下降了，出于健康考虑，不建议将体重减至标准体重以下；第二，在减量期，可能会控制不住对糖分的渴望，导致体重出现波动，此时千万不要灰心丧气，只要把减糖饮食当作一种长期而固定的饮食习惯，瘦身一定会成功，而且一般不会发生体重反弹。

减糖期间，
你可以吃什么？

　　由于减糖饮食的唯一标准是含糖量，因此有些一直被公认的减重食物，其实并不适用于减糖饮食法。相反，奶油、沙拉酱这类令减重者谈之色变的食物，含糖量其实并不高，需要注意的是，有些蔬菜的含糖量也很高，需谨慎选择。

能吃的食物

○猪肉、牛肉、羊肉、鸡肉、鸭肉等
○肉类加工品，如火腿、香肠、培根等
○所有鱼类和海鲜
○蛋类
○豆类及豆制品，如豆腐、豆皮、腐竹、豆干、无糖豆浆、纳豆等
○天然奶油、优质食用油
○非根茎类蔬菜
○菌菇类
○魔芋制品
○海带、海藻
○奶酪
○坚果类

应严格控制摄入量的食物

○米饭、面条、意大利面、面包、麦片等
○零食，尤其是甜点
○含有小麦粉的加工食品，如咖喱块
○干果，如葡萄干、蔓越莓干、杏干等
○市售蔬果汁，以及添加人工甜味剂的饮料

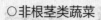

蔬菜、水果、调味料、酒类，都需谨慎选择

蔬菜、水果

叶菜类的蔬菜都可以放心选择，但根茎类蔬菜碳水化合物含量很高，如薯类、南瓜、胡萝卜、玉米等，在适应期和减量期最好不吃，维持期可少量食用。在水果中，牛油果和柠檬的含糖量较低。此外，要明白，水果的含糖量并非由口感决定，如山楂、火龙果的含糖量就远远高于西瓜。

调味料

调味料是容易被忽视的"含糖大户"，如果不注意调味料的选择，很容易使减糖饮食的效果大打折扣。一般来说，尽量使用盐、花椒、胡椒、酱油、油类等简单的调味料，如果喜欢浓郁的口味，可再添加一些香草或香料。绝对不可使用砂糖。此外，番茄酱、甜面酱、甜味酱料、烤肉酱等各类酱料的含糖量也很高，最好不用。

酒类

减糖饮食不必戒酒，但也并非所有酒类都可以饮用，还需仔细区分。蒸馏酒类（如白酒、威士忌、伏特加等）及无糖的发泡酒、红酒，都可以少量饮用。但啤酒、黄酒等酿造酒，梅子酒等水果酒，以及甜味鸡尾酒则不宜饮用。

使用替代调味品，减糖美味不打折

○ 白糖换成罗汉果代糖、甜菊糖 ○ 料酒换成红酒或蒸馏酒
○ 番茄酱换成纯番茄汁或番茄糊 ○ 小麦粉换成黄豆粉、大豆粉、豆渣、米糠
○ 甜面酱换成减糖甜面酱 ○ 水淀粉换成含较多黏液的食材，如秋葵等

自己做饭，才能严格进行减糖饮食

减糖饮食要求我们将每餐饭的含糖量都计算出来，很多人会怕麻烦而中途放弃，因为每餐都要慎选食物。对于这种情况，不妨事先准备4~5天分量的菜品，这样每周只需要做一两次饭，就能轻松减糖。

好处1：很晚下班回家，也能遵守减糖饮食

对于很多上班族来说，虽然有心进行减糖饮食，但晚上下班回家已经很晚了，根本没有时间和精力开火做饭，这时很容易随便吃一些外卖食物，不知不觉就摄入了过量的糖分，并且很有挫败感。如果冰箱里有之前做好的减糖常备菜，就完全不用担心了。将事先做好的减糖菜从冰箱里拿出来，装好盘，再用微波炉热一下，就可以享用一顿美味的减糖佳肴了。

好处2：早上不花时间，只需把做好的菜放进便当盒就好

一旦开始进行减糖饮食，每天的午餐就需要自己准备了，不能再吃外卖或者超市的现成食品。其实，制作减糖便当比制作普通便当容易得多，即使是平时没有每天做饭习惯的人也能轻松搞定。因为一次就做好几天的分量，并不需要每天开火，而且可以一次做好5~6种不同的菜品，每天早上搭配着将2~3种菜放进便当盒，就可以出门。

好处3：冰箱常备自制减糖零食，不会因为嘴馋而破戒

肚子饿了又没到饭点，大部分人都会下意识地找些零食来吃，而选择的零食往往是市售的甜点、面包、炸鸡、薯条等高糖食品，此时不如从冰箱里

取出事先做好的沙拉、卤鹌鹑蛋、减糖甜点等零食，既能满足口腹之欲，又不用担心破戒。自己做的零食不含添加剂，吃起来也更安心。

好处4：想喝点儿小酒时，随时取出减糖下酒菜

在进行减糖饮食期间，也能适量饮些白酒、红酒、威士忌等酒类，配上事先做好的减糖常备下酒菜，便能享受小酌的乐趣。减糖料理不同于一般的减肥餐，会巧妙地搭配肉类、鱼类、海鲜，佐以香料，特别适合用来当下酒菜，完全不会感受到来自减重的压力和痛苦。

好处5：菜品灵活搭配，轻松维持营养平衡

可以利用周末空闲的时间，一次性做好几道减糖常备菜，放进冰箱冷藏保存。平时只要拿到餐桌上就有好几道菜了。另外，准备好一道纯肉类或者鱼类的菜，每次取出一部分来搭配不同的蔬菜及调味料，就可以变换出多种菜品花样，还能保证均衡营养的摄入。本书推荐了丰富的副菜菜单，便于您随意搭配，均衡摄取蛋白质、脂肪、膳食纤维、维生素、矿物质等。

好处6：一次做好几份，减少剩菜又省钱

开始减糖饮食之后，你会发现花在食物上的钱越来越少，这也是减糖饮食的另一好处。首先，由于几乎不会在外用餐，而改为自己买原料烹制食物，日积月累便节约了一大笔开支。其次，肉类、鱼类、蔬菜等食物，如果只做一天的分量，很容易有剩菜，而如果买的量少，在价格上又不够实惠。减糖饮食可以一次做好几餐的分量，您可以在超市选购实惠的大包装原材料，并且每餐都不会有剩菜，方便又省钱。

在外用餐时，如何进行减糖饮食？

在外就餐存在很多减肥陷阱，比如明明吃起来是咸味的东西却含有糖分，就算十分小心地挑选食材，也不可能将调味料的成分弄清楚。记住以下几个原则，可以降低掉入糖分陷阱的概率。

选择烹制手法简单的菜品

一般来说，中式餐馆大多会使用水淀粉勾芡，无形中增加了菜品的含糖量。日本料理中会大量使用砂糖、味淋和其他含糖分的酒来调味，也不宜选择。而在意大利料理、法国料理、地中海料理中，有很多食物适合减糖人士食用，例如采用烧烤、炭烧等方式烹制的肉类和鱼类。但西餐中的副菜如玉米、土豆等含糖量很高，尽量不吃或少吃。此外，肉类、鱼类、沙拉的酱汁成分复杂，最好不要直接淋在食物上，边吃边蘸取可以减少酱汁的摄入量。

中餐厅用餐减糖原则

先吃菜再吃肉

中餐的单一菜品很难实现肉类与蔬菜各一半的比例，因此需要自己按比例搭配食用。在点餐时，可以按照凉菜、炒蔬菜、肉菜的顺序点，凉菜最好有叶菜类、海带等，肉类选择不用甜面酱、番茄酱等酱料制作的菜品。如果是油炸肉类，要问清楚外面是否裹了面粉、面包糠等。在吃菜时，建议先吃菜再吃肉，这样可以避免因过早吃饱而使蔬菜的摄入量远远低于肉类的摄入量。

挑味道胜过挑食材，慎选饮品

由于炒菜有可能在烹调时使用了水淀粉、番茄酱、甜面酱等调味料，因此即使是以蔬菜为主菜，也很难作为中餐的首选菜品，尤其是口味重的炒菜。而清炖肉汤、原味烤羊排等菜品由于不添加太多调味料，反而是中餐馆的减糖首选。此外，不要在就餐时饮用任何含糖饮料及啤酒，可选择不甜的红酒或者白酒。

西餐厅用餐减糖原则

选择清蒸或烧烤的烹饪方式

以意大利餐为例，虽然给人一种精致、易胖的印象，但其实品种很丰富，除了面包和意大利面不能点之外，各式肉类或鱼类均可尽情享用。最好选择以清炖或烧烤的方式烹饪的单纯菜色，如腌肉、蔬菜肉排、烤蔬菜、炖煮海鲜、蒜味虾、小肉排、奶酪拼盘等。香草烤肉可能添加面包糠，点餐时需留意。

法式料理慎选酱汁种类

在法式餐厅点菜时，使用了奶油面糊的黑椒汁和白汁最好不要点，米饭、面包、甜点也不能点。鹅肝酱、法式酱糜、法式烤肉、红酒炖煮食品、腌渍物、法式蜗牛、生蚝、松露都可以享用。吃全套法国料理时，建议先从蔬菜吃起，因为蔬菜中含有丰富的膳食纤维，可以减缓身体对糖分的吸收。

日式料理用餐减糖原则

烤、炖煮、照烧的料理注意酱汁

首先吃一些腌渍菠菜、海藻等小菜开胃。烤、炖煮、照烧之类的菜色中，酱汁一般含有大量砂糖和味淋，食用时要多注意。鱼类建议点烤鱼或生鱼片，秋刀鱼或鱼干最好选择盐烤的。连锁店的腌菜往往会添加很多甜味剂，要多加留意。

有主菜和副菜的套餐少吃主食

如果点了套餐，就只吃主菜、副菜和汤品，少吃白米饭，多吃一点豆制品，如冻豆腐及叶菜类的小菜和沙拉。不宜选择土豆沙拉、通心粉沙拉等含糖量高的沙拉。选择姜丝炒猪肉、盐烤鱼肉、生鱼片套餐最好，油炸料理要挑选面衣薄一点的。

关于减糖饮食的疑惑，你问我答

Q1 生理期很想吃甜食，怎么办？

不需要刻意忍耐，选择低糖甜点就好。

减糖饮食本来就拒绝饿肚子，尤其是在身体较虚弱的生理期，越是忌口忍耐，越容易积累压力，导致挫败感，甚至中途放弃。本书最后一章介绍了减糖饮食期间也可以食用的甜点，只要适量摄取，完全不用担心减肥失败。

Q2 平时有很多应酬，可以实施减糖饮食吗？

可以。平时对各种食物和调味料的含糖量多做功课，在应酬场合选择自己要吃的菜。

减糖饮食不需要禁酒，因此在应酬场合或亲友饭局中也不会显得尴尬，是可以持之以恒的减肥方法。聚餐或应酬时，如果能够自己点菜，可以参考本书先前介绍的中餐、西餐、日本料理的减糖原则；如果是别人点菜，可以根据平时掌握的减糖知识慎选自己所要吃的菜。如果场合特殊，实在难以拒绝、非吃不可，那么干脆放松心情愉快地接受，调整前一餐或下一餐的饮食，或是第二天的饮食就行了。

Q3 什么情况不能使用减糖饮食法减肥？

生病中或是正在服用某些治疗药物的人群，不建议使用减糖饮食法。

对于体质尚好的健康人来说，采用减糖饮食法之后，身体经过短暂的适应期便可调整到新的平衡状态，使脂肪燃烧的速度加快。也就是说，减糖饮食会暂时打破身体原先习惯的平衡状态，如果是在生病期间或正在服用治疗药物，以及身体极度虚弱的状态下，最好先与医生讨论，再安排如何减重。尤其是有下列疾病或正在服用以下药物的人群，进行减糖饮食前一定要跟医生讨论：胰腺炎、肝硬化、脂质代谢异常、肝肾功能有问题、服用降血糖药、注射胰岛素等。

$Q4$ 减糖饮食期间，连水果都不能吃吗?

先确认水果的含糖量，再决定是否食用。

有些水果营养价值很高，但在减糖饮食期间，尤其是适应期，最好不要食用。在维持期可以少量食用甜度较低的当季水果，如牛油果、柠檬、蓝莓、草莓、杏、柚子、杨梅、枇杷等含糖量少的水果。食用每种水果前需先确认其含糖量，只要保证每天摄入的总糖量不超标即可。至于市售的果汁，偶尔喝一次没关系，不可经常饮用。

$Q5$ 只要控制含糖量，食量大也没关系吗?

是的。
只要严格控制好含糖量，大可尽情享用美食。

减糖瘦身法并不是断食减肥法，而是将身体的供能方式转换成优先燃烧脂肪的模式。断食或过度节食的缺点在于会刺激身体启动节能机制，从而变成无法燃烧脂肪的体质，长此以往更加容易长胖，这也是为什么节食减肥法容易反弹的原因。除了正确掌握食物的含糖量和蛋白质含量，减糖饮食法还强调用餐时要细嚼慢咽，充分刺激产生饱腹感的中枢神经。

$Q6$ 一直实施减糖饮食，为什么体重不降?

很可能是你没有均衡摄取营养素，或者本身就属于标准体重。

减糖饮食作为一种健康减肥法，针对的是体重确实超重的肥胖人群。如果你的体重本来就在标准体重的范畴，甚至比标准体重更轻，那么即使持续进行减糖饮食，也很难变瘦。如果体重在标准体重以上，但还是瘦不下来，很可能是身体缺乏燃烧脂肪必需的维生素或矿物质，建议调整食谱，多样化摄取各类低糖食材，尤其是海带、芝麻、虾皮、香菇等，保证营养均衡。

最常吃的
减糖家常菜

果醋里脊肉

材料

猪里脊肉...............400克

青椒.........................2个

红甜椒...................1个

洋葱.........................1/8个

番茄.........................1/2个

滑子菇...................30克

蒜末、姜末........各少许

调料

盐.............................4克

食用油...................适量

酱油、苹果醋....各2大匙

鸡汤、香油.........各适量

做法

1 猪里脊肉切成小块；青椒、红甜椒去蒂、籽，切成小块；洋葱切成青椒块一样大小。

2 番茄切成小块，和滑子菇一起放入榨汁机中，加少许鸡汤，搅打成番茄滑菇酱。

3 锅中倒入少许食用油烧热，放入姜末、蒜末爆香，再放入猪里脊肉块炒匀。

4 加入青椒、红甜椒、洋葱继续翻炒，倒入酱油、苹果醋、番茄滑菇酱、香油、少许鸡汤，焖煮片刻。

5 大火收汁，加入少许盐调味即可。

∽ 减糖诀窍 ∽

猪里脊肉的含糖量低，减糖期间可以适量吃。红肉中所含的肉碱可以帮助人体燃烧脂肪。

山西馅肉

分量1/4份

含糖量0.2克

蛋白质18.1克

热量452千卡

材料

五花肉....................400克

蒜末........................2克

姜片........................2克

葱段........................2克

八角........................适量

香菜........................适量

调料

盐............................2克

酱油........................1小匙

醋............................1/2小匙

香油........................1小匙

白酒........................1小匙

做法

1　锅中注入适量的清水烧开，倒入五花肉，再放入八角、葱段、姜片、白酒和盐，用小火焖制40分钟至其熟烂。

2　待时间到，将五花肉捞出，装入盘中，放凉备用。

3　取一个小碗，倒入蒜末，淋入酱油、醋、香油，搅拌均匀制成酱汁。

4　将放凉的五花肉切成均匀的薄片，围着盘子呈花形摆放。

5　将制好的酱汁浇在肉上，撒上香菜即可。

～ 减糖诀窍 ～

五花肉的含糖量低，且富含蛋白质、脂肪酸、维生素B$_1$、铁、锌等营养成分，减糖期间搭配着吃可以补充多种营养。

分量1/2份

含糖量9.0克

蛋白质15.9克

热量392千卡

烤猪肋排

材料

猪肋排.................300克

白洋葱.................30克

蒜末.....................5克

迷迭香.................适量

紫甘蓝.................适量

圣女果.................1个

包菜.....................适量

调料

盐.........................2克

酱油.....................1小匙

辣椒粉.................适量

黑胡椒.................适量

做法

1　猪肋排斜刀划上网格花刀；白洋葱切粒；迷迭香切成小段。

2　取一个大盘，放入洋葱粒、黑胡椒、蒜末、辣椒粉、迷迭香、盐和酱油，制成腌肉汁。

3　放入猪肋排，均匀涂上腌肉汁，腌制2小时。

4　烤盘上放腌猪肋排，再把烤盘放入烤箱中，将上下火温度调至180℃，定时烤40分钟后，取出装盘。

5　淋上腌肉汁，摆上圣女果、紫甘蓝、包菜、迷迭香即可。

∽ 减糖诀窍 ∽

减糖期间需要摄入足够的蛋白质，猪肋排不仅含糖量低，还富含丰富的蛋白质，为身体提供能量。

姜烧猪肉片

分量1/4份

含糖量7.0克

蛋白质14.5克

热量144千卡

材料

猪肉........................250克

生姜......................10克

滑子菇...................100克

调料

食用油...................适量

酱油........................3大匙

鸡汤........................1/4杯

做法

1. 生姜捣成泥；猪肉切薄片，放入碗中，加入酱油、生姜泥，拌匀，腌制10分钟。

2. 将滑子菇、鸡汤倒入搅拌机中，搅打成滑菇酱。

3. 平底锅中倒入食用油烧热，放入腌好的猪肉片，炒1分钟盛出。

4. 将腌肉的酱汁、滑菇酱倒入锅中，炒至黏稠后，再放入肉片继续炒至熟透即可。

∽ 减糖诀窍 ∽

猪肉的含糖量为0.1~0.2克，属于低糖食物，尤其适合运动后食用。

黄瓜炒肉片

材料

猪瘦肉.................150克

黄瓜.....................100克

滑子菇.................25克

蒜末.....................适量

调料

盐...........................4克

食用油.................适量

高汤.....................适量

橄榄油.................适量

做法

1 洗净的黄瓜去除头尾后切片。

2 将洗净的滑子菇放入榨汁机中，倒入高汤，搅打成滑菇酱。

3 洗净的猪瘦肉切成片，装入盘中，加盐、橄榄油和少许滑菇酱，拌匀后腌制片刻。

4 热锅中倒入食用油，烧至四成热，倒入肉片，滑油片刻捞出。

5 锅底留油，倒入蒜末，煸香；倒入黄瓜片，炒香；倒入肉片，加盐，拌炒均匀。

6 最后倒入剩下的滑菇酱，炒至汤汁收干，盛出装盘即可。

❤ 减糖诀窍 ❤

① 如果想制作简单方便的炒菜，但不能用水淀粉和鸡精调味时，可以将滑子菇与高汤一起搅打成滑菇酱，替代水淀粉和鸡精。

② 黄瓜含有一种叫丙醇二酸的物质，这种物质可以抑制糖类转化为脂肪，这样摄入的糖类就没有机会变成脂肪堆积起来。

③ 喜欢吃辣者，还可以加些辣椒粉或辣椒油，更有助于脂肪的代谢。

分量1/4份

含糖量 1.3 克

蛋白质 7.1 克

热量 181 千卡

白菜炖狮子头

材料

白菜	170克
猪绞肉	130克
鸡汤	350毫升
姜末	少许
蒜末	少许

调料

盐	2克
胡椒粉	1/2小匙
五香粉	1/2小匙

做法

1 将洗净的白菜切去根部，再切开，用手掰散成片状。

2 将猪绞肉放入碗中，加入姜末、蒜末、盐、胡椒粉、五香粉，沿着一个方向不停地搅拌至肉上劲，将拌好的肉泥捏成一个丸子。

3 砂锅中注入适量清水烧热，倒入鸡汤，放入捏好的肉丸，盖上盖，大火烧开后用小火煮20分钟。

4 揭开盖，放入白菜，搅匀，继续煮至白菜变软。

5 加入盐、胡椒粉，再煮几分钟至食材入味即可。

减糖诀窍

① 由于没有在肉馅中添加淀粉，所以黏度不够。沿着一个方向不停地搅拌，可以使肉馅上劲，增加黏度，更容易捏成丸子。

② 白菜是最适合炖汤的蔬菜之一，并且富含膳食纤维，肉丸也是适合减糖饮食的方便菜品。

分量1/4份

含糖量 0.8 克

蛋白质 8.4 克

热量 76 千卡

茭白焖猪蹄

分量1/3份

含糖量 1.6 克

蛋白质 24.6 克

热量 334.6 千卡

材料

猪蹄块	150克
茭白	120克
姜片	少许
葱段	少许

调料

盐	适量
鸡粉	适量
料酒	适量
老抽	适量
生抽	适量
水淀粉	适量
食用油	适量

做法

1. 将洗好的茭白切成滚刀块。

2. 清水烧开，倒入猪蹄块，拌匀，淋入少许料酒，余去血水后捞出猪蹄，沥干水分。

3. 用油起锅，倒入姜片，爆香。倒入猪蹄，淋入少许料酒，炒匀，注入少许清水，烧开后用小火焖约45分钟。

4. 加入老抽、料酒、生抽、盐，拌匀，撇去浮沫，用小火焖约20分钟。倒入茭白，撒上葱段，小火焖约20分钟后，加入少许鸡粉，用水淀粉勾芡即可。

∽ 减糖诀窍 ∽

猪蹄的含糖量低，搭配茭白，蛋白质丰富，是减糖人群可以选用的减糖代餐主食。若想减糖效果更佳，可用滑菇酱代替水淀粉。

分量1/4份

含糖量 3.2 克

蛋白质 11.8 克

热量 133.2 千卡

爆炒猪肚

材料

熟猪肚 300克

胡萝卜 120克

青椒 30克

姜片 .... 少许

葱段 .... 少许

调料

盐 .... 适量

鸡粉 .... 适量

生抽 .... 适量

料酒 .... 适量

水淀粉 .... 适量

食用油 .... 适量

做法

1 将熟猪肚去除油脂，斜刀切片；胡萝卜切成薄片；青椒切成片。

2 清水烧开，倒入猪肚，煮约1分30秒，捞出。

3 另起锅，注入适量清水烧开，倒入胡萝卜、青椒，加少许食用油、盐，拌匀，煮至断生。

4 捞出焯煮好的材料，沥干水分，待用。用油起锅，倒入姜片、葱段，爆香。放入猪肚，炒匀，淋入少许料酒，炒香。

5 倒入胡萝卜、青椒，炒匀。加入盐、鸡粉，淋入适量生抽、水淀粉，炒匀即可。

∽ 减糖诀窍 ∽

猪肚的含糖量低，控糖的同时还能提供蛋白质、维生素A、铁等营养成分。若想减糖效果更佳，可用滑菇酱代替水淀粉。

迷迭香烤牛肉

材料

牛肉..................800克

迷迭香..................适量

调料

白兰地..................30毫升

盐..................3克

黑胡椒粉..................1小匙

橄榄油..................1大匙

做法

1 将牛肉洗净，放入碗中，加盐、黑胡椒粉、橄榄油、白兰地、迷迭香腌制2小时至入味。

2 取锡纸将腌制好的牛肉包裹起来。

3 烤箱预热至180℃，把锡纸包裹的牛肉放入烤箱，烤25分钟左右。

4 将牛肉取出，稍微放凉后切成1厘米厚的块状。

5 将牛肉块装入盘中，再浇上锡纸中的酱汁，点缀上迷迭香即可。

减糖诀窍

① 白兰地可以代替料酒，能去除肉中的腥味，并且让肉更易熟，而且它的味道比料酒更香醇，使烤出来的牛肉别具风味。

② 牛肉烤好之后可以分成4份装入小一些的保鲜袋中，再放入冰箱冷藏，每次取出一份食用即可，避免反复解冻，可延长保鲜期。

分量1/4份

含糖量0.6克

蛋白质40.4克

热量388千卡

酒香牛肉炒青椒

分量1/4份

含糖量 1.6克

蛋白质 15.8克

热量 169千卡

材料

牛肉........................300克

青椒........................30克

白洋葱....................30克

大蒜........................1瓣

调料

盐........................少许

胡椒粉................少许

白葡萄酒..............15毫升

醋........................5毫升

橄榄油..................15毫升

酱油....................10毫升

做法

1 牛肉切成片，放入碗中，撒上盐、胡椒粉，倒入白葡萄酒，搅拌均匀，腌30分钟。

2 青椒洗净，切开，去籽，再切成小块；白洋葱切成小块；大蒜捣成泥。

3 平底锅中加入橄榄油烧至微温，倒入蒜泥，爆香。

4 放入腌好的牛肉和青椒、白洋葱，快速翻炒片刻。

5 加入酱油，炒至食材入味，出锅前淋上少许醋，翻炒均匀即可。

∞ 减糖诀窍 ∞

牛肉的含糖量低，而且还含有优质蛋白质，减糖的同时还可以增强免疫力。

分量1/4份

含糖量 2.2 克

蛋白质 14.8 克

热量 162 千卡

牛肉豆腐煲

材料

肥牛片 200克
北豆腐 300克
葱 .... 适量

调料

香油 1小匙
酱油 2大匙
高汤 3/4杯

做法

1 北豆腐洗净，切成3厘米左右的块；葱洗净，切成段。

2 锅中倒入少许香油烧热，放入肥牛片，快炒片刻。

3 加入酱油、高汤，大火烧开后转小火熬煮约20分钟。

4 放入豆腐块，翻炒均匀，继续煮至豆腐入味，出锅前撒上葱段即可。

∽ 减糖诀窍 ∽

豆腐和牛肉两者搭配食用，不仅能更好地补充蛋白质，还能延缓饥饿，有助于控糖。

香草烤羊排

材料

羊排......................180克

滑子菇..................25克

薄荷叶..................适量

迷迭香碎..............适量

调料

酱油......................1小匙

橄榄油..................适量

白兰地..................适量

高汤......................适量

无糖烤肉酱........适量

做法

1 取榨汁机，倒入滑子菇和高汤，搅打成滑菇酱。

2 将处理好的羊排放入碗中，淋入少许橄榄油、白兰地、酱油，加入少许迷迭香碎和滑菇酱，用手抓匀，腌制半个小时。

3 平底锅中加入橄榄油烧热，放入腌制好的羊排，煎出香味。

4 待其表面呈焦黄时翻面，将两面煎好，关火。

5 取一个盘子，用无糖烤肉酱做好装饰，将煎好的羊排盛出装入盘中。

6 最后点缀上薄荷叶和迷迭香碎即可。

❧ 减糖诀窍 ❧

❶ 无糖烤肉酱可以购买市售的，也可以参考本书第四章中介绍的方法自己制作。

❷ 羊肉有一些腥膻味，可以添加香草、白兰地等来调和去味。

❸ 腌制的时间可以自己掌握，时间长更入味。

分量1/2份

含糖量0.8克

蛋白质20.4克

热量264千卡

酒香杏鲍菇炖鸡腿

材料

鸡腿	2个
杏鲍菇	100克
滑子菇	50克
大蒜	1瓣
干辣椒	1根
迷迭香	1根

调料

白葡萄酒	4大匙
橄榄油	1大匙
醋	2大匙
鸡汤	1杯
盐、胡椒粉	各少许

做法

1. 将鸡腿切成小块，放入碗中，加盐、胡椒粉，拌匀，腌制片刻。

2. 杏鲍菇切块；大蒜切末。

3. 滑子菇放入搅拌机，加入鸡汤一起搅打成滑菇酱。

4. 平底锅中倒入橄榄油烧热，放入鸡肉两面煎熟，待鸡肉煎出油脂后，放入蒜末、干辣椒、迷迭香，爆香。

5. 放入杏鲍菇炒至柔软，加醋调味，倒入白葡萄酒熬煮片刻。

6. 待酒精成分挥发后，倒入滑菇酱，继续熬煮至汤汁收干即可。

减糖诀窍

1. 用滑菇酱代替水淀粉，大大降低了这道菜的含糖量，且不失嫩滑浓稠的口感，是烹制减糖饮食的绝佳方法。

2. 鸡肉本身含有油脂，因此煎鸡肉时不用放太多油。

3. 如果没有白葡萄酒，也可以用白酒代替，但用量要稍微少一些。

分量1/4份

含糖量1.8克

蛋白质22克

热量305千卡

宫保鸡丁

材料

鸡胸肉	300克
黄瓜	80克
花生	50克
干辣椒	7克
蒜头	10克
姜片	少许

调料

盐	适量
味精、鸡粉	各适量
料酒	适量
生粉	适量
辣椒油	适量
芝麻油	适量
食用油	适量

分量1/4份

含糖量6.2克

蛋白质19.8克

热量205.3千卡

做法

1 将鸡胸肉、黄瓜、蒜头切成丁。

2 鸡丁加少许盐、味精、料酒拌匀。之后再加入生粉、少许食用油拌匀，腌10分钟。

3 锅中加约600毫升清水烧开，倒入花生，煮约1分钟，捞出。热锅注油，倒入花生，炸约2分钟捞出。油锅放入鸡丁，炸至转色捞出。

4 用油起锅，倒入蒜、姜片、干辣椒炒香，再倒入黄瓜炒匀。加入盐、味精、鸡粉，倒入鸡丁炒匀。加少许辣椒油、适量芝麻油炒匀，翻炒后装盘，倒入炸好的花生即可。

∽ 减糖诀窍 ∽

鸡胸肉的含糖量低且低脂，富含优质蛋白质，对减糖、平衡免疫力都有帮助。

海蜇黄瓜拌鸡丝

材料

鸡胸肉.................110克

黄瓜.....................180克

海蜇丝.................220克

蒜末.....................少许

香菜.....................适量

调料

盐.........................2克

醋.........................1小匙

酱油.....................1小匙

橄榄油.................1小匙

做法

1　鸡胸肉用清水煮熟，晾凉后撕成丝。

2　洗净的黄瓜切成丝，摆盘整齐，待用。

3　热水锅中倒入洗净的海蜇丝，余煮一会儿去除杂质，待熟后捞出余好的海蜇丝，沥干水分。

4　取一个大碗，倒入余好的海蜇丝，放入鸡肉丝，倒入蒜末，加入盐、醋、橄榄油，用筷子将食材充分地拌匀。

5　往黄瓜丝上淋入酱油，再将拌好的鸡丝海蜇倒在黄瓜丝上，点缀上香菜即可。

∽ 减糖诀窍 ∽

这道菜含糖量低，还能提供丰富的蛋白质、维生素C，有较强的饱腹感，对减糖有帮助。

魔芋泡椒鸡

材料

鸡胸肉 120克

魔芋 300克

泡朝天椒圈 30克

姜丝 ....少许

葱段 ....少许

香菜 ....少许

调料

盐 2克

白胡椒粉 4克

辣椒油 1小匙

酱油 1小匙

蚝油 ....少许

橄榄油 1小匙

做法

1 将洗好的鸡胸肉切成丁，装入碗中，加入盐、白胡椒粉和橄榄油，用筷子搅拌均匀，腌制10分钟。

2 将魔芋切成块，另取一碗装好，倒入清水，浸泡10分钟，捞出装盘待用。

3 用油起锅，依次倒入鸡肉、姜丝、泡朝天椒圈、魔芋块，炒匀。

4 加入酱油，再注入适量清水，拌匀，中火焖2分钟至食材熟软。

5 加入蚝油炒匀，倒入辣椒油，翻炒约3分钟至入味。

6 关火后盛出炒好的菜肴，装入盘中，点缀上香菜即可。

⟣ 减糖诀窍 ⟢

魔芋是低糖、低热量的优质减肥食品，能为身体提供大量膳食纤维，使人迅速获得饱腹感。但需要注意，魔芋几乎不含蛋白质，在减糖饮食期间如果选择魔芋，务必搭配含蛋白质的食物一起食用。

分量1/2份

含糖量1.1克

蛋白质15.6克

热量114千卡

分量1/2份

含糖量**5.8**克

蛋白质**30.1**克

热量**214**千卡

三文鱼泡菜铝箔烧

材料

三文鱼..................250克

韭菜、洋葱........各60克

泡菜......................100克

红椒丝..................10克

葱花、白芝麻....各适量

调料

盐..........................2克

白胡椒粉..............2克

酱油......................1小匙

白兰地..................1小匙

辣椒酱..................适量

橄榄油..................1小匙

做法

1 洋葱切成丝；韭菜两端修齐，切成小段；三文鱼斜刀切成片。

2 碗里放入盐、白胡椒粉、白兰地、酱油、辣椒酱，搅拌均匀。

3 再往碗中放入三文鱼片、泡菜、韭菜、洋葱、橄榄油拌匀。

4 将锡纸四周折叠起来做成一个碗，将拌好的料全部倒入锡纸碗内。

5 将锡纸放入平底锅内，注入清水，用中火焖制12分钟后，撒上葱花、白芝麻、红椒丝即可。

∽ 减糖诀窍 ∽

三文鱼含有蛋白质、DHA、维生素D等营养成分，是减糖人士补充体能、增肌健脑的好食物。

| 分量1/2份 |
| 含糖量 1.8 克 |
| 蛋白质 14.1 克 |
| 热量 113 千卡 |

蒜味煎鱼排

材料

三文鱼排..............100克

大蒜.....................2瓣

香草碎..................少许

调料

橄榄油..................2小匙

柠檬汁..................1小匙

黑胡椒..................少许

盐.........................少许

做法

1　大蒜切成薄片。

2　平底锅中倒入少许橄榄油，烧至微热，放入蒜片，爆香。

3　将三文鱼排放入平底锅中，煎至两面微黄。

4　撒上少许盐、黑胡椒、香草碎，滴上柠檬汁调味即可。

扫码查看

☑ 减糖怎么吃

☑ 烹饪宝典

☑ 经验分享

☑ 推荐书单

❧ 减糖诀窍 ❧

三文鱼富含蛋白质、多种维生素及不饱和脂肪酸，经常食用三文鱼，既可减糖，又能延缓衰老。

双椒蒸带鱼

分量1/3份

含糖量4.0克

蛋白质16.9克

热量137千卡

材料

带鱼.........................250克

泡椒.........................40克

剁椒.........................40克

葱丝.........................10克

姜丝.........................5克

调料

盐.........................2克

白酒.........................2小匙

橄榄油.........................1小匙

做法

1 带鱼处理好，切成段，放入碗中，加盐、白酒、姜丝，拌匀，腌制5分钟。

2 将备好的泡椒切去蒂，切碎备用。

3 将泡椒、剁椒一样一半，分别倒在带鱼上面。

4 蒸锅中加入适量清水烧开，放入带鱼，大火蒸约10分钟。

5 待时间到，将带鱼取出。

6 热锅中注入橄榄油烧至微温，放入葱丝，将油烧至八成热后浇在带鱼上即可。

∽ 减糖诀窍 ∽

带鱼营养丰富，容易消化。其脂肪含量低而蛋白质含量丰富，矿物质含量也很高，适合减糖、减脂人士食用。

泰式柠檬蒸鲈鱼

分量1/3份

含糖量 1.3 克

蛋白质 37.7 克

热量 226 千卡

材料

鲈鱼	400克
柠檬	半个
剁椒	15克
姜末	10克
香菜	5克

调料

盐	3克
白酒	1小匙
鱼露	1/2小匙
橄榄油	1小匙

做法

1. 将处理好的鲈鱼两面划上几道一字花刀，再往鲈鱼两面撒上盐，淋上白酒，抹匀，腌制10分钟。

2. 将备好的半个柠檬的汁全部挤到碗中，再倒入剁椒、姜末、鱼露、橄榄油，充分拌匀，制成调味酱。

3. 将腌制好的鲈鱼的水分倒出，淋上制作好的调味酱。

4. 蒸锅中注入适量清水烧开，放入鲈鱼，大火蒸10分钟，将鲈鱼取出，撒上香菜即可。

∽ 减糖诀窍 ∽

鲈鱼肉质细嫩、味道鲜美，搭配柠檬，减糖的同时提供丰富的蛋白质和维生素C。

姜丝煮秋刀鱼

材料

秋刀鱼...................4条
生姜.......................20克

调料

酱油.......................3大匙
柠檬汁...................1小匙
罗汉果代糖........4大匙

做法

1 秋刀鱼洗净，去除头部和内脏，切成两段，沥干水分。

2 生姜洗净，连皮一起切成丝。

3 锅中倒入2杯清水，加入生姜丝、酱油、罗汉果代糖、柠檬汁，再放入秋刀鱼。

4 盖上锅盖，大火煮开后转小火熬煮30分钟即可。

减糖诀窍

① 秋刀鱼中含有大部分食材中没有的ω-3脂肪酸，建议每天适量食用，有助于心血管的健康，增强大脑功能。

② 秋刀鱼的腥味较重，可以多放些生姜，柠檬汁也有助于去腥。

③ 这道菜存放一两天后味道更佳，建议一次多做些，放进冰箱保存。

分量1/4份

含糖量 1.8 克

蛋白质 19.6 克

热量 329 千卡

第三章

适合上班族的
减糖便当

蒸肉末菜卷

分量1/2份

含糖量0.9克

蛋白质11.3克

热量136千卡

材料

瘦肉末..................100克

白菜叶..................100克

蛋液......................30克

葱花......................适量

姜末......................适量

调料

盐.............................4克

胡椒粉..................少许

红酒......................2小匙

橄榄油..................1小匙

做法

1 把瘦肉末放入碗中，加入红酒，撒上姜末、葱花、胡椒粉，加少许盐，再倒入蛋液，淋少许橄榄油，充分拌匀，制成肉馅，待用。

2 锅中注入适量清水烧开，放入洗净的白菜叶，焯煮至八分熟后捞出，沥干水分。

3 将白菜叶放凉后铺开，放入适量的肉馅，包好，卷成卷，放在蒸盘中，摆放整齐。

4 蒸锅中倒入适量清水烧开，放入蒸盘，盖上盖，蒸约8分钟，至食材熟透。

5 取出蒸好的菜卷即可。

∽ 减糖诀窍 ∽

猪瘦肉的脂肪含量比五花肉低，用白菜叶蒸制，减少用油，口味清淡，适合减糖、减脂人士食用。

番茄奶油肉丸

分量1/4份

含糖量3.4克

蛋白质24.9克

热量377千卡

材料

猪绞肉	500克
番茄	1个
生姜	10克
大蒜	2瓣
香叶	2片
香菜	少许

调料

盐	适量
黑胡椒	适量
橄榄油	1大匙
鲜奶油	1/4杯
奶酪粉	适量

做法

1. 生姜、大蒜切末；番茄切碎；香菜切碎。

2. 猪绞肉加1小匙盐拌匀，再加姜末、黑胡椒、半杯清水，沿着一个方向搅拌，使肉上劲，然后捏成肉丸。

3. 在平底锅中倒入橄榄油烧热，下入肉丸，用筷子轻轻翻转，直至肉丸煎熟，盛出。

4. 用锅中剩余的油爆香蒜末、香叶，再将肉丸倒回锅中，加入番茄碎，熬煮1分钟后，再加入鲜奶油熬煮，最后加入盐、黑胡椒调味，撒上奶酪粉、香菜碎即可。

∾ 减糖诀窍 ∾

猪绞肉的含糖量都不高，在制作的过程中，注意减少奶油、调味料的用量，以免增高含糖量。

味噌葱香肉丸

材料

鸡绞肉..................600克
嫩青葱碎............4大匙
生姜泥..................1小匙

调料

盐........................1小匙
味噌......................3大匙
罗汉果代糖........1大匙
辣椒粉..................少许
食用油..................适量

做法

1 取一个小碗，放入味噌、罗汉果代糖、辣椒粉，再加入2小匙清水，搅拌均匀成酱汁。

2 另取一个大碗，放入鸡绞肉、嫩青葱碎、生姜泥、盐、1/2杯水，充分搅拌均匀。

3 将拌好的肉泥捏成丸子。

4 平底锅中倒入食用油烧热，下入丸子，两面煎熟。

5 加入事先调好的酱汁，熬煮至丸子入味即可。

减糖诀窍

① 罗汉果代糖具有甜味，但不含糖分，是非常好的白砂糖替代品，也可以用甜菊糖来代替，使得这道美味甜辣交错，别具一格。

② 如果不喜欢吃甜味的丸子，可以加入少许酱油。

分量1/4份

含糖量5.8克

蛋白质33.2克

热量305千卡

烤土豆小肉饼

| 分量1/4份 |
| 含糖量5.3克 |
| 蛋白质2.1克 |
| 热量106.8千卡 |

材料

猪肉末....................40克

去皮土豆................120克

熟白芝麻...............10克

调料

烤肉汁....................20毫升

食用油....................适量

做法

1 将土豆切成厚片，中间不切断，制成夹子状；
   将肉末放入备好的碗中，倒入烤肉汁，拌匀。

2 夹取适量的肉馅放入土豆夹中，待用。备好
   一个烤盘，铺上锡纸，刷上一层食用油。

3 将土豆夹放入烤盘，刷上一层食用油，撒上
   熟白芝麻。

4 将食材放入烤箱，关上箱门，将温度调至
   200℃，时间设置为20分钟，开始烤制。

5 打开箱门，取出烤盘，将土豆夹放入备好的
   碗中即可。

∽ 减糖诀窍 ∽

土豆中含有大量的膳食纤维，具有较
强的饱腹感，搭配含糖量不高的猪
肉，有利于控糖减脂。

五香牛肉

分量1/4份

含糖量0.9克

蛋白质41.2克

热量392千卡

材料

牛肉.........................800克

花椒、茴香.........各5克

草果、八角.........各2个

香叶.........................1片

桂皮.........................2片

朝天椒.................5克

葱段、姜片.........各适量

香菜.........................适量

调料

白兰地.................1小匙

老抽.........................1小匙

生抽.........................2大匙

做法

1 将洗净的牛肉装入碗中，再放入花椒、茴香、香叶、桂皮、草果、八角、姜片、朝天椒，倒入白兰地、老抽、生抽，将所有材料搅拌均匀。

2 用保鲜膜密封碗口，放入冰箱保鲜24小时至牛肉腌制入味。

3 取出腌制好的牛肉，与碗中酱汁一同倒入砂锅，再注入适量清水，放入葱段，煮至牛肉熟软，取出牛肉切片，锅内卤汁留着备用。

4 将牛肉片装入盘中，浇上少许卤汁，点缀上香菜即可。

∞ 减糖诀窍 ∞

五香等多种调料可以很好地去除牛肉中的腥味，牛肉富含蛋白质、铁、锌等多种营养成分，适合减糖期间食用。

牛肉炒海带丝

材料

牛肉......................150克

海带丝...................300克

红甜椒..................1/2个

小油菜..................2棵

香菇......................4朵

蒜泥......................1/2小匙

白芝麻..................适量

调料

酱油......................1大匙

香油......................2小匙

做法

1 将牛肉切成条；红甜椒切粗丝；香菇切薄片。

2 在平底锅中倒入1小匙香油烧热，放入牛肉条快炒，加少许酱油翻炒调味，盛出。

3 再用平底锅加热1小匙香油，放入小油菜、红甜椒、香菇快炒，接着放入海带丝继续翻炒。

4 放入牛肉，加入蒜泥、剩下的酱油，炒至食材入味，出锅前撒上白芝麻即可。

减糖诀窍

❶ 海带丝也可换成魔芋丝。魔芋丝不同于粉丝或粉条，它的主要成分是膳食纤维而非碳水化合物，因此含糖量非常低，其富含的膳食纤维还有增强饱腹感的作用。

❷ 这道菜做好后放几个小时再吃更加美味，可以前一天晚上做好，第二天当作便当菜。

❸ 红甜椒、小油菜、香菇可以换成自己喜欢的低糖蔬菜和菌菇类食材。

分量1/4份

含糖量3.9克

蛋白质9.8克

热量136千卡

| 分量1/4份 |
| 含糖量 **2.5**克 |
| 蛋白质 **34.1**克 |
| 热量 **151**千卡 |

辣味牛筋

材料

辣味卤水..............1200毫升
牛蹄筋.................400克

调料

盐...........................3克

做法

1. 锅中注入适量的清水，大火烧开。

2. 倒入洗净的牛蹄筋，搅拌，去除杂质，将牛蹄筋捞出，沥干水分，待用。

3. 锅中倒入辣味卤水，大火煮开，倒入牛蹄筋，注入适量清水，加入盐，拌匀。

4. 盖上锅盖，大火煮沸后转小火焖2小时。

5. 揭开锅盖，将牛蹄筋捞出。

6. 将牛蹄筋摆在砧板上，切成小块，将切好的牛蹄筋装入盘中，浇上锅内汤汁即可。

扫码查看
☑ 减糖怎么吃
☑ 烹饪宝典
☑ 经验分享
☑ 推荐书单

∽ 减糖诀窍 ∽

牛蹄筋含糖量低，脂肪少，富含胶原蛋白。减糖期间食用，可以强筋健骨、减缓疲劳。

牙签牛肉

材料

牛肉........................200克

牙签........................适量

干辣椒....................15克

花椒........................5克

葱............................15克

生姜块....................30克

白芝麻....................适量

调料

盐、味精.............各适量

豆瓣酱....................适量

料酒........................适量

水淀粉....................适量

花椒粉....................适量

孜然粉....................适量

做法

1 牛肉洗净切薄片；生姜块去皮洗净切末；葱切葱花。

2 葱和生姜装入碗中，倒入少许料酒，用手挤出汁，把汁倒在牛肉片上，加少许盐、味精、水淀粉拌匀，腌10分钟。

3 用牙签将牛肉片串成波浪形，装入盘中备用。

4 热锅注油，烧至六成热，倒入牛肉片。炸约1分钟捞出。锅留底油，倒入花椒、干辣椒炒出辣味，再放入姜末煸香。

5 加入少许豆瓣酱拌匀，倒入炸好的牛肉片。撒入孜然粉、花椒粉，将牛肉片翻炒均匀，出锅后撒上白芝麻、葱花即可。

∽ 减糖诀窍 ∽

若想减糖效果更佳，可用滑菇酱代替水淀粉。

咖喱羊肉炒茄子

分量1/4份

含糖量2.6克

蛋白质17.8克

热量241千卡

材料

羊肉........................350克

茄子........................1个

番茄........................1/2个

香菜........................1小把

调料

咖喱粉...................2小匙

橄榄油...................1大匙

盐...........................少许

做法

1 羊肉切成厚片，放入碗中，撒上少许盐、咖喱粉，拌匀，腌制片刻。

2 茄子洗净，连皮一起滚刀切成块；香菜洗净，切成小段。

3 番茄洗净，切碎，再用刀背按压成泥。

4 平底锅中倒入橄榄油烧热，放入腌好的羊肉快炒片刻，再放入茄子一起炒。

5 加入番茄泥一起熬煮，再加盐调味，最后撒上香菜即可。

∽ 减糖诀窍 ∽

羊肉富含蛋白质、铁、钙等，搭配茄子和番茄，增加了维生素C，荤素搭配有利于减糖。

分量1/4份

含糖量 3.1 克

蛋白质 19 克

热量 243 千卡

风味鲜菇羊肉

材料

羊肉.......................350克

蟹味菇...................300克

大蒜.......................1瓣

欧芹.......................1小把

番茄.......................1个

调料

高汤.......................1杯

盐...........................适量

辣椒粉...................2小匙

橄榄油...................1大匙

做法

1 羊肉切成薄片，放入碗中，加入盐、辣椒粉，拌匀，腌制片刻。

2 大蒜和欧芹分别切碎；蟹味菇洗净、分开。

3 番茄切成小块，放入榨汁机，加入高汤搅打成糊。

4 平底锅中倒入橄榄油烧热，放入大蒜爆香，再放入羊肉炒至变色。

5 放入蟹味菇继续翻炒，加入番茄糊，熬煮片刻，加入少许盐调味，撒上欧芹碎即可。

∽ 减糖诀窍 ∽

蟹味菇富含钙、铁、维生素 B_2 等营养成分，搭配羊肉，能帮助减糖，还能补钙、补铁。

红酒番茄烩羊肉

材料

羊元宝肉..............450克

番茄......................130克

洋葱......................90克

滑子菇..................25克

姜块......................25克

蒜薹......................35克

调料

红酒......................300毫升

盐..........................4克

黑胡椒..................1小匙

酱油......................1小匙

橄榄油..................1小匙

高汤......................适量

做法

1 滑子菇放入榨汁机中，倒入高汤，搅打成滑菇酱。

2 羊肉切块；番茄、洋葱切块；蒜薹切成丁；姜块切成片。

3 热锅注水煮沸，放入羊肉，煮2分钟至变熟，捞起，放入盘中用凉水洗净。

4 炒锅中注入橄榄油烧热，放入姜片爆香；放入羊肉炒香，倒入酱油，炒匀；注入红酒，焖煮8分钟。

5 放入盐、黑胡椒，翻炒均匀；放入洋葱、番茄炒匀，再注入适量清水，炖煮片刻。

6 注入备好的滑菇酱，再放入蒜薹，煮至汤汁浓稠即可。

减糖诀窍

这道菜用含糖量很低的红酒与番茄等天然增香蔬菜搭配，不用太多调味料就能获得层次丰富的口感。这种搭配方法也是烹制减糖饮食的秘诀之一，可避免使用过多调味料。

分量1/4份

含糖量5.6克

蛋白质23.7克

热量334千卡

培根炒菠菜

分量1/2份

含糖量1.3克

蛋白质20.7克

热量260千卡

材料

培根.........................200克
菠菜.........................165克
蒜片.........................少许

调料

盐.............................2克
酱油.........................1小匙
白胡椒粉..............1/2小匙
橄榄油.....................1大匙

做法

1 将洗好的菠菜切成段；培根切成片。

2 平底锅中注入适量橄榄油烧热，倒入蒜片，
   爆香；倒入切好的培根，翻炒片刻；加入酱
   油、白胡椒粉，翻炒均匀。

3 放入菠菜段，快速翻炒至变软。

4 放入盐，翻炒入味。

5 关火后将炒好的培根、菠菜盛出，装入盘中
   即可。

∽ 减糖诀窍 ∽

这道菜含蛋白质、维生素、胡萝卜
素、钙等营养成分，减糖又营养。

牛油果金枪鱼串儿

分量1/2份

含糖量2.4克

蛋白质16.1克

热量173千卡

材料

金枪鱼..................100克

牛油果..................1个

调料

酱油......................4毫升

醋............................3毫升

食用油..................适量

做法

1 将牛油果洗净，对半切开，挖去核，再将去核的牛油果连皮一起切成小块。

2 金枪鱼切成与牛油果差不多大的块，待用。

3 平底锅中倒入适量食用油烧热，放入金枪鱼块，煎至两面微黄。

4 淋入少许酱油、醋，使金枪鱼均匀入味，盛出待用。

5 将牛油果放入平底锅中，微微加热盛出。

6 待金枪鱼和牛油果稍微晾凉后，用竹签将其间隔着穿成串儿即可。

∽ 减糖诀窍 ∽

金枪鱼的含糖量低，富含DHA、铁、维生素D、维生素E等，是减糖佳品。

烧烤秋刀鱼

材料

秋刀鱼肉..............300克
柠檬.....................20克

调料

盐...........................2克
酱油.....................1小匙
橄榄油..................1小匙
食用油..................少许

做法

1 将洗净的秋刀鱼肉切段，再切上花刀，放盘中，加入盐、酱油、橄榄油，拌匀，腌制约10分钟。

2 烤盘中铺好锡纸，刷上底油，放入腌制好的鱼肉，摆放好，在鱼肉上抹上食用油。

3 将烤盘放进预热好的烤箱中，调温度为200℃，烤约10分钟，至食材熟透。

4 待时间到，取出烤盘，稍微冷却后将烤好的鱼装在盘中。

5 在盘子边放上柠檬块，吃之前依个人口味挤上少许柠檬汁即可。

∽ 减糖诀窍 ∽

1 秋刀鱼的含糖量很低，但由于含有较多脂肪酸，因此热量稍高，吃完之后有很强的饱腹感，建议每次食用不超过一条。

2 秋刀鱼的腥味较重，而且油脂含量高，柠檬汁具有去腥、解腻的作用。

3 秋刀鱼很容易熟，烹制时不要加热太久，以免破坏其中的营养成分。

分量1/3份

含糖量0.7克

蛋白质19.1克

热量319千卡

分量1/2份

含糖量0.8克

蛋白质16.7克

热量141千卡

香煎鳕鱼佐时蔬

材料

银鳕鱼.................2块

圣女果.................5个

柠檬.....................1/4个

紫苏叶.................3片

调料

橄榄油.................1大匙

白葡萄酒.............2小匙

辣椒粉.................1/2小匙

盐.........................少许

做法

1 在平底锅中倒入橄榄油烧热，放入银鳕鱼煎片刻。

2 倒入白葡萄酒，放入紫苏叶，继续煎至鳕鱼两面微黄。

3 撒上盐、辣椒粉调味，盛出装盘。

4 圣女果对半切开，和柠檬一起摆盘，食用时挤上柠檬汁即可。

∽ 减糖诀窍 ∽

鳕鱼含有丰富的钙、硒、不饱和脂肪酸，搭配富含维生素C的蔬果，有助于控糖。

夏威夷蒜味虾

材料

白虾.....................20只

大蒜.....................2瓣

柠檬.....................1/4个

奶油.....................10克

调料

辣椒粉.................适量

橄榄油.................1大匙

盐.........................少许

分量1/4份

含糖量0.9克

蛋白质11.7克

热量105千卡

做法

1 白虾切开虾背,去除虾线。

2 大蒜切碎。

3 平底锅中倒入橄榄油烧热,放入处理好的虾,炒出香气后转成小火。

4 加入大蒜和奶油,继续翻炒。

5 待大蒜炒成黄色后,挤入柠檬汁,加入盐、辣椒粉调味即可。

∽ 减糖诀窍 ∽

对于忙碌的上班族来说,高蛋白、低脂的虾肉是午餐便当的佳选,营养又减糖。

鸡蛋狮子头

分量1/4份

含糖量0.5克

蛋白质15.1克

热量352千卡

材料

五花肉末	180克
去壳熟鸡蛋	4个
上海青	40克
滑子菇	25克
姜末、蒜末	各少许

调料

盐	4克
胡椒粉	1/2小匙
五香粉	2小匙
酱油、老抽	各少许
食用油	适量
高汤	适量

做法

1. 滑子菇与高汤一起搅打成滑菇酱；五花肉末装碗，放入姜末、蒜末、少许盐、胡椒粉、酱油、1小匙五香粉、滑菇酱，拌匀，腌制10分钟。

2. 将去壳鸡蛋用腌好的肉末均匀包裹住，制成鸡蛋狮子头生坯。

3. 热锅中注入足量油，烧至七成热，放入鸡蛋狮子头生坯炸约2分钟至表皮微黄，捞出。

4. 蒸盘中倒入少许凉开水，加入老抽、盐、五香粉，拌匀；再放入狮子头，蒸30分钟，与烫熟的上海青一起装盘即可。

∽ 减糖诀窍 ∽

含糖量较低的猪肉，搭配鸡蛋、蔬菜，可以增加蛋白质和维生素的摄入。

番茄炒蛋

分量1/2份

含糖量5.5克

蛋白质12.7克

热量231.6千卡

材料

番茄........................30克

鸡蛋........................1个

小葱........................20克

大蒜........................10克

调料

盐............................适量

食用油....................适量

做法

1　大蒜切片；洗净的小葱切末；洗净的番茄去蒂，切成滚刀块。

2　鸡蛋打入碗内，打散。热锅注油烧热，倒入鸡蛋液，炒熟，将炒好的鸡蛋盛入盘中待用。

3　锅底留油，倒入蒜片爆香。倒入番茄块，炒出汁，倒入炒好的鸡蛋，炒匀。

4　加入盐，迅速翻炒入味。关火后，将炒好的食材盛入盘中，撒上葱花即可。

∽ 减糖诀窍 ∽

鸡蛋含有优质蛋白，搭配维生素C含量高的番茄，整体含糖量低，还能补充营养。

嫩姜炒鸭蛋

分量1/2份

含糖量5.3克

蛋白质8.2克

热量188千卡

材料

嫩姜	90克
鸭蛋	2个
葱花	少许

调料

盐	适量
鸡粉	适量
水淀粉	适量
食用油	适量

做法

1. 洗净的嫩姜切成片，再切成细丝装入碗中，加入2克盐，抓匀，腌10分钟。

2. 将腌好的姜丝放入清水中，洗去多余盐分。

3. 鸭蛋打入碗中，放入葱花。加入适量鸡粉、盐、水淀粉，用筷子打散搅匀。

4. 炒锅注油烧热，倒入腌好的姜丝，炒至姜丝变软。

5. 倒入搅拌好的蛋液，快速翻炒至熟透。盛出炒好的鸭蛋，装入盘中即可。

∽ 减糖诀窍 ∽

鸭蛋和姜都是低糖食材，鸭蛋的蛋白质含量高，搭配姜，有助于增香、减糖。若想减糖效果更佳，可用滑菇酱代替水淀粉。

分量1/3份

含糖量 16.4 克

蛋白质 3.2 克

热量 92.9 千卡

奶香土豆泥

材料

土豆.........................250克

配方奶粉...............15克

做法

1 将适量开水倒入配方奶粉中，搅拌均匀。

2 将洗净去皮的土豆切成片，待用。蒸锅上火烧开，放入土豆。

3 盖上锅盖，用大火蒸30分钟至其熟软。

4 关火后揭开锅盖，将土豆取出，放凉待用。

5 用刀背将土豆压成泥，放入碗中。

6 再将调好的配方奶倒入土豆泥中，搅拌均匀，将做好的土豆泥倒入碗中即可。

扫码查看

☑ 减糖怎么吃
☑ 烹饪宝典
☑ 经验分享
☑ 推荐书单

❧ 减糖诀窍 ❧

牛奶味道香醇，营养丰富，与土豆搭配可以增加饱腹感，有利于减糖。

紫甘蓝萝卜丝饼

分量1/5份

含糖量19.2克

蛋白质5.7克

热量131.2千卡

材料

紫甘蓝	90克
白萝卜	100克
鸡蛋	1个
面粉	120克
葱花	少许

调料

盐	适量
鸡粉	适量
食用油	适量

做法

1 紫甘蓝、白萝卜切成丝，备用。

2 锅中注入适量清水烧开，加入少许盐。倒入白萝卜、紫甘蓝，煮1分钟至八成熟。

3 把煮好的紫甘蓝和白萝卜捞出，沥干水分。装入碗中，放入葱花。

4 打入鸡蛋，放入适量盐、鸡粉，抓匀。加入面粉，混合均匀，搅成糊状。

5 煎锅中注入适量食用油烧热，放入面糊，摊成饼状，煎出焦香味，翻面，煎成焦黄色。把煎好的饼取出，用刀切成小块即可。

∽ 减糖诀窍 ∽

白萝卜、紫甘蓝含有丰富的维生素，补充营养的同时，可以减少碳水化合物的摄入，利于减糖。

鸡蛋蔬菜卷

材料

番茄.........................100克

小白菜.....................50克

鸡蛋.........................4个

面粉.........................20克

葱.............................10克

调料

盐.............................2克

食用油.....................30毫升

做法

1 番茄去皮，切丁；小白菜洗净，去叶，将梗切成丁；葱切成葱花。

2 将鸡蛋打散备用，取一空碗，倒入面粉20克、葱花10克、鸡蛋液，再加入番茄、小白菜、盐，拌匀成面糊。

3 锅中倒入食用油30毫升烧热，倒入面糊，转动锅子，将面糊摊成圆饼状，煎至面糊凝固。

4 翻面，将另一面煎至焦黄，将面饼卷成卷，出锅，再用刀切成小段即可。

∽ 减糖诀窍 ∽

面粉中加入鸡蛋和蔬菜，可以在减糖期间，补充蛋白质和维生素。

彩椒拌菠菜

材料

彩椒.....................半个

菠菜.....................400克

大蒜.....................1/2瓣

白芝麻.................少许

调料

盐.........................少许

香油.....................2小匙

做法

1 菠菜洗净，切成长段；彩椒洗净，去蒂、籽，切成粗丝；大蒜切成末。

2 锅中加适量清水烧开，放入菠菜焯煮约2分钟，捞出，沥干水分。

3 取一个大碗，放入菠菜、彩椒丝、蒜末，搅拌均匀。

4 加入适量盐、香油拌匀，撒上白芝麻即可。

∽ 减糖诀窍 ∽

彩椒中的含糖量可以忽略不计，搭配富含蛋白质、维生素、胡萝卜素的菠菜，非常适合减糖人士食用。

剁椒金针菇

分量1/4份

含糖量 1.3 克

蛋白质 2.8 克

热量 21 千卡

材料

金针菇......................200克

剁椒.........................50克

蒜末.........................少许

葱花.........................少许

调料

酱油.........................1小匙

橄榄油......................1小匙

做法

1 将金针菇清洗干净，用刀切去根部，再掰散开，摆入盘中。

2 取一个小碗，倒入备好的蒜末、剁椒、酱油和橄榄油，搅拌均匀，调成酱汁。

3 将调好的酱汁均匀淋在金针菇上。

4 蒸锅中注入适量清水烧开，放入金针菇，大火蒸5分钟。

5 将蒸好的金针菇取出，趁热撒上少许葱花即可。

∞ 减糖诀窍 ∞

金针菇含糖量低，富含氨基酸，有助于减糖期间增强身体免疫力，补充能量。

第四章

健康减糖的
豆蛋及其制品

香滑蛤蜊蛋羹

材料

蛤蜊......................150克

鸡蛋液..................100克

火腿......................30克

葱花......................少许

调料

盐..........................2克

做法

1 将火腿切成丁。

2 将鸡蛋液倒入备好的大碗中，加盐，注入适量的温水，打散。

3 将鸡蛋液倒入备好的盘中，放上备好的蛤蜊、火腿，包上一层保鲜膜，待用。

4 电蒸锅注水烧开，放上食材，蒸12分钟。

5 取出蒸好的食材，撕开保鲜膜，撒上葱花即可。

减糖诀窍

❶ 蛤蜊、鸡蛋、火腿都是富含蛋白质的低糖食材，这道减糖菜品不仅含糖量低，而且营养丰富，但需要搭配蔬菜类菜品一起食用。

❷ 在搅打好的鸡蛋液中加入少许40℃左右的温水，可以使蒸出来的鸡蛋羹更滑嫩。

❸ 蒸鸡蛋羹之前，用保鲜膜将蒸碗包起来，这样蒸出的鸡蛋羹表面平滑。

分量1/2份

含糖量0.6克

蛋白质12.9克

热量166千卡

焗口蘑鹌鹑蛋

分量	1/4份
含糖量	0.6克
蛋白质	36.3克
热量	121千卡

材料

鹌鹑蛋......................10个

口蘑..........................20个

奶酪碎......................2大匙

蒜末..........................少许

香菜..........................适量

黑橄榄......................适量

调料

盐..............................2克

黑胡椒粉..................1小匙

橄榄油......................1小匙

做法

1 将一半口蘑去蒂，挖空，在挖空的口蘑中打入鹌鹑蛋；另一半口蘑切成碎末。

2 平底锅中倒入橄榄油烧热，下入蒜末，炒出香味；倒入口蘑碎，翻炒均匀；加入黑胡椒粉、盐，炒匀调味。

3 将炒好的馅料填入口蘑中，再放上少许奶酪碎。将口蘑放入预热好的烤箱中，将温度调至150℃，烤15分钟至熟。

4 取出烤好的口蘑，装入盘中，点缀上香菜、黑橄榄即可。

∽ 减糖诀窍 ∽

口蘑、鹌鹑蛋都是富含蛋白质的减糖食材，补充营养的同时，减少碳水化合物的摄入，利于减糖。

滑子菇煎蛋

分量1/3份

含糖量0.6克

蛋白质6.8克

热量116千卡

材料

鸡蛋..........................3个

滑子菇..................80克

香菜..........................1小把

调料

盐..........................少许

橄榄油....................1小匙

做法

1　香菜洗净，切成小段；滑子菇洗净；将鸡蛋磕入碗中，放入少许盐，搅拌均匀，制成鸡蛋液。

2　锅中倒入适量清水烧开，放入滑子菇，加少许盐、橄榄油，焯煮约1分钟至断生，捞出，沥干备用。

3　平底锅中注入适量橄榄油烧热，倒入鸡蛋液，将蛋液铺平，再快速倒入滑子菇和香菜，用铲子轻轻压紧实，煎至金黄时翻面。

4　待两面煎好后盛于砧板中，切成块状即可。

✎ 减糖诀窍 ✎

滑子菇含有粗蛋白、粗纤维、钙、磷、维生素和多种氨基酸，能为减糖人士补充营养，增强机体免疫力。

洋葱火腿煎蛋

分量1/2份

含糖量8.9克

蛋白质13.7克

热量275.2千卡

材料

洋葱........................30克

鸡蛋........................2个

火腿........................80克

调料

盐............................适量

鸡粉........................适量

水淀粉....................适量

食用油....................适量

做法

1 洋葱、火腿切成丝，再切成粒；鸡蛋液中加入少许鸡粉、盐，用筷子打散、调匀。

2 煎锅中倒入适量油烧热，放入洋葱、火腿，炒出香味后盛出。

3 把炒好的洋葱、火腿倒入蛋液中，加水淀粉拌匀。

4 煎锅注油烧热，倒入混合好的蛋液，煎至成饼形，散出焦香味后翻面，两面煎至焦黄色，装盘即可。

∽ 减糖诀窍 ∽

洋葱、火腿和鸡蛋是绝佳的早餐组合，整体含糖量低，还能满足早餐的营养需求。若想减糖效果更佳，可用滑菇酱代替水淀粉。

茭白木耳炒鸭蛋

分量1/2份

含糖量8.6克

蛋白质9.7克

热量202.7千卡

材料

茭白......................300克

鸭蛋......................2个

水发木耳..............40克

葱段......................少许

调料

盐..........................适量

鸡粉......................适量

水淀粉..................适量

食用油..................适量

做法

1 木耳切成小块，茭白对切成片；鸭蛋打入碗中，放入少许盐、鸡粉，加水淀粉搅匀。

2 锅中清水烧开，放入适量盐、鸡粉。倒入茭白、木耳，煮1分钟至七成熟，捞出备用。

4 用油起锅，倒入蛋液，搅散，翻炒至七成熟，盛出备用。另起锅，注油烧热，放入葱段，爆香。倒入焯过水的茭白、木耳，炒匀。放入炒好的鸭蛋，翻炒匀。

5 放入适量盐、鸡粉，炒至入味。倒入少许水淀粉，翻炒均匀即可。

∽ 减糖诀窍 ∽

茭白、木耳、鸭蛋含有蛋白质、维生素、钙等营养物质，能帮助减糖、平衡免疫力。若想减糖效果更佳，可用滑菇酱代替水淀粉。

香菇肉末蒸鸭蛋

分量1/2份

含糖量4.7克

蛋白质21.3克

热量164.2千卡

材料

香菇	45克
鸭蛋	2个
肉末	200克
葱花	少许

调料

盐	适量
鸡粉	适量
生抽	适量
食用油	适量

做法

1. 香菇切成粒，备用；将鸭蛋打入碗中，搅散，加入少许盐、鸡粉，调匀，加入适量温水，搅拌均匀，倒入蒸碗中，备用。

2. 用油起锅，放入肉末，炒至变色。加入香菇粒，炒香，放入少许生抽、盐、鸡粉，炒匀调味。

3. 把蛋液放入烧开的蒸锅中，用小火蒸约10分钟至蛋液凝固。

4. 之后把香菇肉末放在蛋羹上，再用小火蒸2分钟至熟。取出蒸好的食材，放入葱花，再浇上少许熟油即可。

减糖诀窍

这道菜的含糖量不高，而且还含有优质蛋白质、铁、钙等营养物质，对控糖有益。

鸭蛋鱼饼

分量1/4份

含糖量0.8克

蛋白质15.7克

热量134.1千卡

材料

鱼肉泥.................270克

鸭蛋.........................1个

葱花.........................少许

调料

盐...........................适量

鸡粉.......................适量

食用油.................适量

做法

1 取一个大碗，倒入鱼肉泥，加入少许盐、鸡粉，拌匀调味。

2 打入鸭蛋，撒上葱花，搅拌均匀，备用。煎锅置于旺火上，淋入适量食用油，烧至三成热。

3 转小火，倒入拌好的鱼肉泥，摊开，铺成饼状。晃动煎锅，煎至成形，翻转鱼饼，用小火煎至两面熟透。

4 关火后盛出煎好的鱼肉饼，待稍微放凉后切成小块，装入盘中即可。

∽ 减糖诀窍 ∽

鸭蛋的含糖量低，且含有蛋白质、维生素、钙、铁等营养物质，适合在减糖期间补充营养。

红椒茄子拌皮蛋

分量1/4份

含糖量 3.1 克

蛋白质 5.4 克

热量 119.4 千卡

材料

茄子	150克
皮蛋	2个
红椒	15克
蒜末	少许
葱花	少许

调料

盐	适量
陈醋	适量
生抽	适量
芝麻油	适量
辣椒油	适量
食用油	适量

做法

1　茄子切成5厘米长的段，再切成条；红椒去籽，切丝，再切成粒；皮蛋去壳，切成小瓣，将切好的皮蛋摆入盘中备用。

2　热锅注油，烧至五成热，倒入茄子，炸约1分钟至米黄色，将炸好的茄子捞出。

3　将茄子倒入碗中，放入红椒粒、蒜末、葱花。加入盐、陈醋、生抽，再倒入适量芝麻油、辣椒油。

4　用筷子拌匀调味，将拌好的材料倒入装有皮蛋的盘中即可。

∽ 减糖诀窍 ∽

茄子含有蛋白质、维生素、钙、磷、铁等多种营养成分，整道菜含糖量低，是很好的减糖佳肴。

青黄皮蛋拌豆腐

分量1/2份

含糖量7.4克

蛋白质18.8克

热量213千卡

材料

内酯豆腐..............300克

皮蛋.......................1个

熟鸡蛋...................1个

青豆.......................15克

葱花.......................少许

调料

鸡粉.......................适量

生抽.......................适量

芝麻油...................适量

香醋.......................适量

做法

1 将内酯豆腐切成小块；熟鸡蛋去壳，切成小块；皮蛋去壳，切成小瓣，待用。

2 锅中注入适量清水，用大火烧开，倒入豆腐，略煮一会儿。将焯煮好的豆腐捞出，沥干水分，装盘备用。

3 锅中再倒入青豆，煮至熟透。将煮好的青豆捞出，沥干水分，待用。

4 取一个碟子，加入鸡粉、生抽、香醋，搅拌均匀，制成味汁。在豆腐上放入皮蛋、鸡蛋、青豆。浇上调好的味汁，撒上葱花即可。

∞ 减糖诀窍 ∞

豆腐中含有丰富的蛋白质和钙，而且易被吸收，碳水化合物含量不高，是很好的减糖食物。

咸蛋黄茄子

分量1/3份

含糖量5.1克

蛋白质5.2克

热量164.8千卡

材料

熟咸蛋黄...............5个

茄子....................250克

红椒....................10克

罗勒叶................少许

调料

盐........................适量

鸡粉....................适量

食用油................适量

做法

1 洗净的茄子切滚刀块；洗好的红椒切丝，再切成丁；用刀将熟咸蛋黄压扁，剁成泥。

2 热锅注油，烧至六成热，倒入茄子。油炸约1分钟至微黄色，关火，将炸好的茄子捞出沥干油，装入盘中备用。

3 用油起锅，倒入熟咸蛋黄。加入盐、鸡粉，翻炒片刻使其入味，放入红椒、茄子。

4 翻炒约1分钟至熟。关火后将炒好的茄子盛出，装入盘中。放上红椒、罗勒叶做装饰即可。

∽ 减糖诀窍 ∽

茄子的含糖量低，而且脂肪含量不高，富含膳食纤维，减糖的同时还有降压的作用。

咸蛋黄烧豆腐

分量1/2份

含糖量1.3克

蛋白质6.8克

热量177千卡

材料

嫩豆腐......................150克

熟咸蛋黄..............2个

葱花.........................15克

调料

盐...........................少许

鸡汤.....................1/2杯

橄榄油..................1小匙

做法

1 将洗净的豆腐切小块；熟咸蛋黄压扁，再切碎，待用。

2 热锅注油烧热，倒入咸蛋黄，炒散。

3 倒入鸡汤，放入豆腐，炒匀，大火煮6分钟至入味。

4 加入盐，拌匀调味。

5 将菜肴盛出装入碗中，撒上备好的葱花即可食用。

扫码查看

☑ 减糖怎么吃
☑ 烹饪宝典
☑ 经验分享
☑ 推荐书单

∽ **减糖诀窍** ∽

豆腐具有很强的饱腹感，而且蛋白质丰富，可减少碳水化合物的摄入，有利于减糖。

麻婆豆腐

材料

豆腐......................400克

鸡汤......................2杯

蒜末......................15克

葱花......................10克

调料

花椒粉...................1小匙

豆瓣酱...................2大匙

酱油......................1小匙

橄榄油...................1小匙

做法

1. 洗净的豆腐切成小块，放在备有清水的碗中，浸泡待用。

2. 热锅注水烧热，将豆腐放入锅中，焯水2分钟，倒出备用。

3. 热锅注油烧热，放入豆瓣酱炒香；放入蒜末炒出香味；倒入鸡汤拌匀烧开，再倒入酱油，翻炒均匀。

4. 放入豆腐烧开，撒入花椒粉，搅拌均匀调味。

5. 出锅前撒入葱花，使得菜色更美观。

∞ 减糖诀窍 ∞

① 制作麻婆豆腐最好选择手工豆腐或北豆腐，这种豆腐质地坚实，耐炖煮，可以多煮几分钟，使豆腐更入味。

② 用自己熬煮的鸡汤作为调味料，不仅含糖量低，而且营养美味。在减糖期间，冰箱中可以常备一些自制鸡汤（无须加任何调料），如果想长期保存，就冻成冰块，每次取出几块使用。

分量1/4份

含糖量2.4克

蛋白质9.3克

热量44千卡

分量1/2份

含糖量6.4克

蛋白质28.3克

热量271.5千卡

猪血豆腐青菜汤

材料

猪血	300克
豆腐	270克
生菜	30克
虾皮	少许
姜片	少许
葱花	少许

调料

盐	适量
鸡粉	适量
胡椒粉	适量
食用油	适量

做法

1 洗净的豆腐、猪血切成条，再切成小方块，备用。

2 锅中注入适量清水烧开，倒入备好的虾皮、姜片，再倒入切好的豆腐、猪血。加入适量盐、鸡粉，搅拌均匀。盖上锅盖，用大火煮2分钟。

3 揭开锅盖，淋入少许食用油，放入洗净的生菜，撒入适量胡椒粉，搅拌均匀，至食材入味。

4 关火后盛出煮好的汤料，装入碗中，撒上葱花即可。

∽ 减糖诀窍 ∽

猪血含有蛋白质和铁，胆固醇含量较低，其中的铁很容易被吸收，减糖期间食用可以补血。

什锦凉拌豆腐

分量1/3份

含糖量6.2克

蛋白质9.3克

热量163.9千卡

材料

豆腐	250克
黄瓜	70克
去皮胡萝卜	60克
松花皮蛋	60克
花生	15克
葱花	少许
香菜	少许

调料

盐	适量
生抽	适量
鸡粉	适量
芝麻油	适量
辣椒油	适量

做法

1. 黄瓜、胡萝卜切成丝；豆腐切成小块；松花皮蛋切成小瓣，待用。

2. 取一个盘子，倒入黄瓜丝、胡萝卜丝，拌匀，摆放上松花皮蛋。

3. 沸水锅中放入豆腐，焯煮片刻，去除豆腥味。捞出豆腐，装入盘中。将豆腐铺在胡萝卜丝和黄瓜丝上，待用。

4. 葱花倒入碗中，加入生抽、鸡粉、盐、芝麻油、辣椒油，搅拌制成调味汁。将调味汁浇在豆腐上，撒上花生、香菜即可。

∽ 减糖诀窍 ∽

豆腐搭配黄瓜、胡萝卜食用，含糖量不高，可以补充蛋白质、维生素C和胡萝卜素。

第五章

时尚简约的
减糖沙拉和腌菜

金枪鱼芦笋沙拉

材料

罐装金枪鱼.........100克

鸡蛋.....................2个

芦笋.....................80克

黑橄榄..................20克

生菜.....................100克

小土豆..................4个

调料

橄榄油..................2小匙

黑胡椒碎............1/2小匙

白兰地..................1小匙

柠檬汁..................1小匙

做法

1　鸡蛋煮熟，放凉之后剥壳，对半切开。

2　锅中倒入适量清水烧开，放入芦笋，氽烫至熟，捞出沥干。

3　将小土豆清洗干净，带皮煮15分钟至熟，捞出。

4　将罐装金枪鱼沥干水分，用手撕成细丝；黑橄榄、生菜切成片。

5　将所有的食材放入沙拉碗中，加入柠檬汁、白兰地、橄榄油拌匀。

6　将拌好的食材装盘，撒上少许黑胡椒碎即可。

减糖诀窍

❶ 罐装金枪鱼是低糖、高蛋白食材，而且方便百搭，在减糖期间可常备，加些蔬菜、水煮蛋，就能马上做出一款美味沙拉。

❷ 土豆的糖分含量较高，在减糖饮食期间只建议少量食用，可以选择小土豆，有助于控制食用量，增加饱腹感。

分量1/4份

含糖量 1.9克

蛋白质 8.8克

热量 100千卡

水煮鸡胸肉沙拉

分量1/4份

含糖量0克

蛋白质33.5克

热量162千卡

材料

鸡胸肉..................2块
黑芝麻..................适量
香叶......................1片

调料

盐..........................7克
五香粉..................适量

做法

1 鸡胸肉用水洗净，对切成两半，撒上一点盐搓揉入味，放进冰箱冷藏腌制半天以上。

2 将腌好的鸡胸肉取出，和香叶一起放入锅中，加适量水煮熟。

3 取出煮好的鸡胸肉，用保鲜膜包起来，在保鲜膜上戳几个小孔，放入冷水中冷却10～15分钟。

4 撕掉保鲜膜，取出鸡肉，将其中一半鸡胸肉裹上黑芝麻，另一半裹上五香粉，做成两种口味，放入冰箱冷藏保存，可随时取用。

∽ 减糖诀窍 ∽

鸡胸肉的含糖量低，而且脂肪含量低，富含优质蛋白质，对减糖、平衡免疫力都有帮助。

牛肉香菜沙拉

分量1/2份

含糖量5.6克

蛋白质23克

热量355千卡

材料

牛肉.........................200克

香菜.........................1把

黄瓜.........................1根

樱桃萝卜.............4个

黑芝麻..................少许

白芝麻..................少许

调料

鱼露.....................1/2小匙

橄榄油..................2小匙

辣椒油..................1/2小匙

盐.........................少许

做法

1 牛肉切成薄片；香菜切成段；黄瓜、樱桃萝卜切成半圆形薄片。

2 在牛肉片上均匀地撒上黑芝麻、白芝麻，放入预热170℃的烤箱中烤20分钟，取出。

3 将烤好的牛肉和香菜、黄瓜、樱桃萝卜一起摆在盘中。

4 在碗中倒入鱼露、橄榄油、辣椒油、盐，调成酱汁，食用前淋上即可。

减糖诀窍

牛肉富含蛋白质、铁、锌等营养成分，搭配富含维生素C、胡萝卜素的香菜、黄瓜、樱桃萝卜，有助于减糖期间补血增肌。

鸡肉虾仁鹌鹑蛋沙拉

材料

鸡胸肉.................150克

虾仁.....................10只

鹌鹑蛋................8个

西蓝花................1/3棵

苦菊.....................1小把

调料

沙拉酱.................2大匙

柠檬汁.................1小匙

盐、辣椒粉........各少许

做法

1 鸡胸肉洗净，放入烧开的蒸锅中，蒸熟后取出晾凉，撕成条状。

2 苦菊切成段，西蓝花切成小朵，然后将两种菜下入沸水中，加少许盐，焯烫至熟，捞出沥干。

3 用锅中的水将虾仁、鹌鹑蛋分别煮熟，将虾仁捞出过一遍凉水，鹌鹑蛋晾凉后剥去壳。

4 取一个沙拉碗，放入鸡胸肉、虾仁、鹌鹑蛋、西蓝花、苦菊，加入沙拉酱、柠檬汁、盐、辣椒粉，搅拌均匀，装盘即可。

减糖诀窍

① 沙拉酱的含糖量很少，可以放心食用。

② 制作这道沙拉可以任意选择喜欢的蔬菜。

③ 鸡胸肉和鹌鹑蛋能提供足够的蛋白质。

④ 可以将鹌鹑蛋对半切开，这样更入味，但保存的时间会相应缩短。

分量1/2份

含糖量2.1克

蛋白质30.8克

热量294千卡

法式酱汁蔬菜沙拉

材料

番茄.....................120克
黄瓜.....................130克
生菜.....................100克

调料

柠檬汁.................1大匙
白醋.....................1小匙
椰子油.................1小匙

做法

1 洗净的黄瓜对半切开，再切片；洗好的番茄对半切开，去蒂，切成丁；洗净的生菜切成片，待用。

2 取一个大碗，放入切好的生菜、番茄、黄瓜，混合装入盘中。

3 取小碗，倒入椰子油、柠檬汁、白醋，搅拌均匀成沙拉汁。

4 将沙拉汁装入一个方便倒取的器皿中，食用前淋在蔬菜上即可。

∞ 减糖诀窍 ∞

❶ 这道沙拉非常简单易做，平时可以准备2~3天的分量，将拌匀的蔬菜和沙拉汁分开冷藏保存，食用前再将沙拉汁淋在蔬菜上即可。

❷ 椰子油被称为世界上最健康的食用油，含糖量为零，而且含有中链脂肪酸，不需要脂肪酶分解，是最容易燃烧的脂肪，不会增加身体的代谢负荷，因此对瘦身减重很有帮助。

❸ 除了番茄、黄瓜、生菜，还可以换成任何非根茎类的当季蔬菜。

分量1/4份

含糖量 1.9克

蛋白质 1克

热量 26千卡

鲜虾牛油果沙拉

材料

鲜虾仁..................70克

牛油果..................1个

洋葱......................50克

蒜末......................2小匙

调料

盐..........................2克

胡椒粉..................1小匙

柠檬汁..................1.5小匙

椰子油..................1小匙

朗姆酒..................1小匙

沙拉酱..................2大匙

做法

1 洗净的洋葱切片；洗净的牛油果对半切开，去核，切成块，待用。

2 平底锅中倒入椰子油烧热，放入蒜末，爆香。

3 倒入处理干净的鲜虾仁，翻炒半分钟至转色，加入盐、胡椒粉，炒匀调味，盛出。

4 牛油果中倒入柠檬汁，搅拌均匀。炒好的虾仁中放入朗姆酒，拌匀。

5 取大碗，放入拌好的牛油果、虾仁，加入洋葱片，倒入沙拉酱，拌匀装盘即可。

∞ 减糖诀窍 ∞

这道菜富含优质蛋白质，低糖又营养，可替代部分主食。烹饪虾的时间不宜过长，以免影响口感。

苦瓜豆腐沙拉

分量1/4份

含糖量2.7克

蛋白质2.4克

热量68千卡

材料

苦瓜.........................100克

嫩豆腐.....................100克

洋葱.........................60克

番茄.........................60克

海苔.........................1小片

白芝麻.....................1小匙

姜末、蒜末.........各少许

调料

盐.............................3克

酱油、醋...............各1小匙

椰子油.....................1/2小匙

黑胡椒粉...............1小匙

做法

1 豆腐切丁；洋葱切丝；苦瓜去籽，斜刀切片；番茄切丁；海苔剪成条。

2 锅中注入适量的清水大火烧开，放入苦瓜，焯煮至断生，捞出，沥干水分。

3 碗中淋入适量椰子油，加入酱油、醋、白芝麻，放入姜末、蒜末、黑胡椒粉，搅拌均匀，制成味汁。

4 备一个大碗，放入苦瓜，淋入椰子油，放入盐，搅拌均匀，倒入豆腐丁、番茄丁、洋葱丝，充分拌匀后装入盘中，浇上味汁，撒上海苔条即可。

∞ 减糖诀窍 ∞

苦瓜的草酸含量比较高，易与体内的钙结合形成草酸钙，阻碍钙的吸收，因此食用之前应焯水。

109

油醋汁素食沙拉

材料

生菜.....................40克

圣女果.................50克

蓝莓.....................10克

杏仁.....................20克

调料

红葡萄酒醋........2小匙

橄榄油..................1小匙

做法

1 洗净的圣女果对半切开；洗好的生菜切成小段。

2 取沙拉碗，放入生菜、杏仁、蓝莓，加入橄榄油、红葡萄酒醋，搅拌均匀。

3 取一个盘子，用切好的圣女果围边。

4 在盘子中间倒入拌好的食材即可。

扫码查看

☑ 减糖怎么吃

☑ 烹饪宝典

☑ 经验分享

☑ 推荐书单

∽ 减糖诀窍 ∽

① 如果经常在家制作减糖沙拉，可以备一些红葡萄酒醋，再加上一些橄榄油，就成了别具风味的沙拉汁，适合制作蔬菜、水果、肉类、坚果等沙拉。红葡萄酒醋还可以为身体补充铁质，促进气血循环，有助于脂肪的代谢。

② 蓝莓的含糖量不高，而且富含花青素，是一种强效抗氧化物质，可以帮助身体代谢肉类产生的毒素，是减糖饮食期间可以选用的水果，但需要注意食用量。

分量1/4份

含糖量5.7克

蛋白质1.5克

热量77千卡

芝麻蒜香腌黄瓜

分量1/2份

含糖量5克

蛋白质4.3克

热量59千卡

材料

黄瓜......................1根

大蒜......................2瓣

白芝麻..................适量

泡椒......................5个

调料

酱油......................2大匙

白醋......................1大匙

罗汉果代糖........1大匙

盐 ....适量

做法

1 黄瓜切薄片；大蒜切薄片；泡椒切成两段。

2 在切好的黄瓜上撒2小匙盐，翻拌均匀，腌制约2小时，溢出黄瓜自身的水分。

3 取一个稍大的容器，倒入酱油、白醋、2杯水，放入泡椒、罗汉果代糖，搅拌均匀。

4 将腌好的黄瓜挤干水分，放入调好的汁中，包上保鲜膜，放入冰箱冷藏。

5 腌制5~6小时后即可将黄瓜捞出食用，食用前撒上白芝麻即可。

∽ 减糖诀窍 ∽

黄瓜含有较多维生素、胡萝卜素，而且味道清香美味。这道菜做法简单，而且可以平稳血糖。

香草水嫩番茄

分量1/4份

含糖量 4.8 克

蛋白质 3.2 克

热量 37 千卡

材料

番茄.........................500克

欧芹.........................1小把

香菜.........................1小把

大蒜.........................2瓣

调料

白醋.........................1大匙

罗汉果代糖.........1大匙

白酒.........................1小匙

盐.............................适量

做法

1 番茄切成瓣；大蒜切薄片；欧芹、香菜切碎。

2 取一个稍大的容器，倒入白醋、白酒、2杯水，加入盐、罗汉果代糖，搅拌均匀。

3 将番茄、欧芹碎、香菜碎放入调好的料汁中，包上保鲜膜，放入冰箱冷藏。

4 腌制5~6小时后即可将番茄捞出食用。

∽ 减糖诀窍 ∽

番茄味道适口、营养丰富，减糖期间食用，可以增加人体抵抗力，延缓衰老。

肉末青茄子

材料

青茄子.................280克

牛绞肉.................80克

秋葵.....................2个

大蒜.....................1瓣

香叶.....................1片

调料

红葡萄酒.............1/4杯

盐.........................少许

橄榄油.................2小匙

辣椒粉.................2小匙

高汤.....................少许

做法

1 青茄子洗净，切成2厘米的块；秋葵切成小块；大蒜切成末。

2 将秋葵放入榨汁机中，加入少许高汤，搅打成秋葵酱。

3 平底锅中倒入橄榄油烧热，放入蒜末、香叶、牛绞肉，炒香。

4 放入青茄子块，翻炒片刻，再倒入红葡萄酒熬煮。

5 加入辣椒粉，倒入秋葵酱，继续熬煮片刻，加盐调味即可。

6 将煮好的食材放入密封容器中，晾凉后放入冰箱冷藏1天后取出食用。

减糖诀窍

1 茄子很适合制作腌菜，待其充分吸收了绞肉的油脂和调味料，会更加好吃，取出后可直接当作凉菜。

2 秋葵酱可以增加这道菜的黏稠度，令茄子的口感更爽滑。如果嫌麻烦，也可以直接将秋葵切成薄片，最后放入锅中，翻炒片刻。

分量1/4份

含糖量 2.1 克

蛋白质 4.9 克

热量 60 千卡

自制减糖酱料

　　在减糖饮食期间，建议提前做好一些常用的酱料放在冰箱里备用，这样在日常用餐时，只需要将新鲜蔬菜或者煮熟的肉类、蛋类等混合在一起，淋上喜欢的酱料就可以享用。制作减糖酱料常用的原料如下。

❧ 沙拉酱 ❧

用油、蛋黄、糖制作而成，可以直接当作蔬果类沙拉的酱料，也可以作为调制其他酱料的基础材料。

❧ 橄榄油 ❧

因营养价值高、有利于健康而受到人们的喜爱，并且具有独特的清香味道，能增加食材的风味，是最适合调配沙拉酱汁的油类。

❧ 香油 ❧

中式沙拉中不可缺少的调味油，香气浓郁，可赋予食材生动的味道，加入食醋、蒜调成的酱汁适宜搭配各种蔬菜，加入芝麻酱、辣椒调成的酱汁适宜搭配豆制品。

❧ 醋 ❧

为沙拉增加酸味的必备调料，能中和肉类的油腻感。米醋为大米酿造而成，除了酸味，还有一定的醇香味道。白醋则是单纯的酸味，可在白醋中加入橄榄油调制成低脂健康的油醋酱。

❧ 酸奶 ❧

蔬果是美容瘦身的最佳选择，直接淋上酸奶就是一道美味。此外，酸奶具有独特的奶香味和乳酸味，因此也适合搭配橄榄油、柠檬汁、蒜蓉等，调制成不同风味的酱汁。

ꙮ 芝麻酱 ꙮ

很受大众喜爱的酱料，一般需加水稀释，与酱油、辣椒等搭配味道极佳，可随意搭配肉类、豆制品、蔬菜等各式沙拉。

ꙮ 酱油 ꙮ

属于酿造类调味品，具有独特的酱香，能为食材增加咸味，并增强食材的鲜美度。拌食多选择酱油，其颜色较淡，但味道较咸。老抽则多用于炖煮上色。

ꙮ 辣椒粉 ꙮ

相对有可能添加了糖分的市售辣椒酱，辣椒粉更适合用于制作减糖饮食。辣椒还具有促进新陈代谢的作用，可加速脂肪在体内的代谢。不同品种的辣椒粉辣度不一样，在用量上需要根据自己的喜好来把握。

ꙮ 柠檬汁 ꙮ

可代替醋来为酱料增加酸味，并具有独特的香气，能使食材的口感更清新，具有缓解油腻的作用。此外，新鲜的柠檬汁还能为身体补充维生素 C。

ꙮ 黑胡椒 ꙮ

可增加辛辣感，令酱料的口感层次更突出，还能为肉类食材去腥、增鲜。现磨的黑胡椒粒味道比黑胡椒粉更加浓郁，可依菜品的具体需要进行选择。

ꙮ 葱、姜、蒜 ꙮ

中式口味的沙拉最常用的调味料，有去腥、提味的作用，兼具杀菌、防腐的作用，尤其适合搭配肉类食材。

浓醇芝麻酱

冷藏保存 1~2 周

材料 🌱

纯芝麻酱、高汤各 4 大匙，酱油 1 大匙，香油 2 小匙

做法 🍴

在纯芝麻酱中加入高汤，充分调开稀释，再加入酱油、香油，搅拌均匀即可。

1 大匙
含糖量 0.5 克
蛋白质 1.5 克
热量 50 千卡

自制沙拉酱

冷藏保存 3~4 天

材料 🌱

鸡蛋 1 个，盐、胡椒粉少许，食用油 3 大匙，苹果醋 2 小匙，芥末酱 1 小匙

做法 🍴

将鸡蛋黄磕入碗中，搅打成糊，倒入苹果醋、芥末酱搅拌均匀，再加入食用油、盐、胡椒粉，搅匀即可。

1 大匙
含糖量 0.2 克
蛋白质 0 克
热量 115 千卡

酸甜油醋酱

冷藏保存 1~2 周

材料 🌱

酱油、橄榄油各 1 大匙，罗汉果代糖 2 小匙，醋 2 大匙，香油少许

做法 🍴

将所有材料放入碗中，搅拌均匀即可。

1 大匙
含糖量 22 克
蛋白质 0.3 克
热量 31 千卡

1 大匙
含糖量 0.8 克
蛋白质 0.1 克
热量 18 千卡

风味葱酱

冷藏保存 1~2 周

材料

葱碎 4 大匙，蒜泥 1/2 小匙，高汤 1/2 杯，盐 1/4 小匙，黑胡椒少许，罗汉果代糖 2 小匙，香油 2 大匙

做法

将葱碎和香油倒入碗中，放入微波炉加热 40 秒，取出后，将剩下所有材料倒入搅拌均匀即可。

柠檬油醋汁

冷藏保存 1~2 周

材料

柠檬汁 1 大匙，大蒜 1/2 瓣，盐、胡椒粉少许，橄榄油 40 毫升

做法

将大蒜捣碎成蒜泥，加入柠檬汁、橄榄油拌匀，再加盐、胡椒粉拌匀。

1 大匙
含糖量 0.5 克
蛋白质 0.1 克
热量 81 千卡

1 大匙
含糖量 1.9 克
蛋白质 0.5 克
热量 15 千卡

无糖烤肉酱

冷藏保存 1~2 周

材料

葱碎 1 大匙，蒜泥、生姜泥各 1/2 小匙，酱油、高汤各 1/4 杯，香油 1 大匙

做法

将葱碎和香油倒入碗中，放入微波炉加热 30 秒，倒入剩下所有材料拌匀即可。

第六章

适合减糖的
汤品和炖煮菜

分量1/4份

含糖量 1.7克

蛋白质 10.2克

热量 216千卡

花蛤五花肉泡菜汤

材料

花蛤.........................150克

豆腐.........................150克

五花肉.....................100克

黄豆芽.....................100克

泡菜..........................80克

韭菜..........................20克

大葱段....................少许

大蒜..........................少许

调料

酱油..........................1小匙

醋.............................1/2小匙

橄榄油.....................1小匙

做法

1　洗净的大葱段斜刀切片；处理好的大蒜切片；洗好的韭菜切小段；洗净的五花肉切片；豆腐切块。

2　橄榄油起锅，放入切好的五花肉片，煸炒片刻，放入蒜片、大葱片，炒出香味；加入泡菜，炒匀。

3　注入约300毫升清水，倒入处理干净的花蛤，煮约1分钟至沸腾。

4　放入洗净的黄豆芽，搅匀；放入豆腐块，轻轻搅匀；倒入韭菜，加入酱油、醋，搅匀，煮约1分钟至入味即可。

∽ 减糖诀窍 ∽

花蛤、豆腐、五花肉的含糖量都不高，减糖期间食用，可以补充体能。

韭菜咸蛋肉片汤

材料

瘦肉.........................100克
韭菜.........................30克
咸蛋黄.....................2个
豆腐.........................200克

调料

盐.............................3克
胡椒粉.....................1/2小匙
橄榄油.....................1小匙

做法

1 洗净的瘦肉切薄片，装入碗中，加入少许盐、胡椒粉，拌匀，腌制片刻，待用。

2 将洗净的韭菜切成段；洗净的豆腐切块；咸蛋黄放碗中，用筷子夹散开。

3 橄榄油起锅，倒入瘦肉，翻炒片刻至断生，倒入约600毫升清水，用大火煮沸。

4 加入豆腐、韭菜和咸蛋黄，轻轻拌匀，煮至食材熟透。

5 加入适量盐，用锅勺拌匀调味，盛出装入碗中即成。

扫码查看
☑减糖怎么吃
☑烹饪宝典
☑经验分享
☑推荐书单

∽ 减糖诀窍 ∽

这道菜含糖量低，而且富含蛋白质、维生素、纤维素等，能帮助减糖，促进新陈代谢。

淡菜竹笋筒骨汤

材料

竹笋.........................100克

筒骨.........................120克

水发淡菜干.........50克

调料

盐.............................2克

胡椒粉...................1/2小匙

做法

1 洗净的竹笋切去底部，横向对半切开，再切成小段。

2 沸水锅中放入洗净的筒骨，余烫约2分钟至去除腥味和脏污，捞出，沥干水分。

3 砂锅注水烧热，放入余烫好的筒骨，倒入泡好的淡菜，放入切好的竹笋，搅匀。

4 加盖，用大火煮开后转小火续煮2小时。

5 揭盖，加入盐、胡椒粉，搅匀调味，盛出装碗即可。

∽ 减糖诀窍 ∽

竹笋是优质的减糖食材，高蛋白、低碳水，富含膳食纤维，适量食用可以促进肠胃蠕动。

茄汁菌菇蟹汤

分量1/2份

含糖量 5.4 克

蛋白质 30.4 克

热量 271 千卡

材料

花蟹	200克
番茄	80克
口蘑	40克
杏鲍菇	50克
芝士片	1片
娃娃菜	200克
葱段、姜片	各适量

调料

盐	2克
鸡粉	2克
胡椒粉	1/2小匙
食用油	适量

做法

1 花蟹处理干净，剁成大块；洗净的口蘑切成片；杏鲍菇切成片；娃娃菜对切开，再切粗条；番茄切成丁。

2 锅中注入适量清水烧开，倒入口蘑、杏鲍菇，焯水片刻，捞出，沥干水分。

3 热锅注油烧热，倒入葱段、姜片，爆香，放入花蟹，翻炒至转色，加入番茄，翻炒片刻。

4 锅内注适量水煮沸，倒入焯过水的食材，撇去浮沫，加入娃娃菜、芝士片，煮至芝士片溶化，加盐、鸡粉、胡椒粉调味即可。

∽ 减糖诀窍 ∽

花蟹含有蛋白质、维生素及多种矿物质，减糖期间适量食用，可以养筋益气、理胃消食。

红酒炖牛肉

材料

牛腱肉 600克

洋葱 1/8个

滑子菇 30克

大蒜 1瓣

番茄 1/2个

香叶 1片

香菜叶 .... 少许

调料

红酒 3杯

胡椒粉 .... 少许

橄榄油 1大匙

高汤 2杯

盐 .... 少许

做法

1 牛腱肉切成块，放入碗中，撒上少许盐、胡椒粉，拌匀，腌制片刻。

2 洋葱、大蒜分别切碎；滑子菇、番茄分别放入榨汁机，搅打成滑菇糊、番茄糊。

3 平底锅中倒入橄榄油烧热，放入牛肉炒至变色，盛出；再放入洋葱、大蒜炒香。

4 将牛腱肉放回锅中，倒入红酒煮至沸腾后，加入高汤、番茄糊、香叶，以小火熬煮约2小时。

5 加入滑菇糊，搅拌至汤汁浓稠，加少许盐调味，最后撒上香菜叶即可。

减糖诀窍

1 加入滑菇糊可以增加汤汁的浓稠感，而且不会增加这道菜的含糖量。

2 自制的番茄糊不含淀粉、糖等成分，含糖量非常低。

3 制作这道菜宜选用黑胡椒，最好用现磨的黑胡椒碎，熬煮出的牛肉味道会更香。

分量1/6份

含糖量3.1克

蛋白质15.0克

热量465千卡

黄豆鸡肉杂蔬汤

材料

鸡肉........................50克

水煮黄豆............50克

包菜........................60克

香菇........................15克

番茄........................1个

大葱........................20克

去皮胡萝卜.........10克

罗勒叶..................少许

调料

盐............................3克

胡椒粉..................1小匙

奶酪粉..................1/2小匙

做法

1 番茄切块，放入榨汁机中搅打成糊。

2 包菜切块；胡萝卜切圆片；大葱切圆丁；香菇去蒂，切十字刀成四块；鸡肉切小块。

3 将切好的鸡肉装碗，加入1克盐、1/2小匙胡椒粉，拌匀，腌制5分钟。

4 锅中注入适量清水烧开，倒入水煮黄豆，再倒入腌好的鸡肉块，放入切好的胡萝卜片、大葱丁，搅匀，煮约5分钟至食材熟软。

5 倒入切好的香菇块和包菜，倒入番茄糊，搅拌均匀，稍煮片刻。

6 加入2克盐、1/2小匙胡椒粉调味，关火后盛出，撒上奶酪粉、罗勒叶即可。

减糖诀窍

❶ 这道汤品既有动物蛋白、植物蛋白，又有多种蔬菜、菌菇提供的膳食纤维、维生素、矿物质，还有少量奶制品提供蛋白质、钙、磷等营养成分，能为身体提供所需的大部分营养。

❷ 在蔬菜中，胡萝卜的含糖量偏高，但能提供对身体有益的β-胡萝卜素，可少量食用。

分量1/2份

含糖量8.1克

蛋白质12.4克

热量144千卡

分量1/3份

含糖量0.1克

蛋白质19.3克

热量231千卡

清炖羊脊骨

材料

羊脊骨...................340克

大蒜.......................30克

小茴香...................10克

花椒粒...................10克

姜片.......................适量

香菜.......................适量

小葱.......................适量

调料

盐...........................3克

鸡粉.......................2克

胡椒粉...................1/2小匙

做法

1 锅中注入适量的清水烧开，倒入剁好的羊脊骨，氽煮去除血水，捞出，沥干水分。

2 砂锅中注入适量清水烧热，放入羊脊骨，加入花椒粒、姜片、小茴香，再放入大蒜、小葱，盖上锅盖，大火煮开后转小火炖1小时。

3 揭开锅盖，放入盐、胡椒粉、鸡粉，搅拌片刻，使食材入味。

4 关火后将炖好的汤盛出装入碗中，放上香菜即可。

∽ 减糖诀窍 ∾

羊脊骨有着"补钙之王"的美誉，经过长时间的炖煮，有利于促进人体对钙的吸收，达到补钙的功效。

番茄猪肚汤

材料

番茄........................150克

猪肚........................130克

姜丝........................少许

葱花........................少许

调料

盐............................适量

料酒........................适量

鸡粉........................适量

胡椒粉.....................适量

食用油.....................适量

做法

1 洗净的番茄对半切开，切成小块，备用；处理干净的猪肚用斜刀切成块。

2 炒锅中倒入适量食用油，放入姜丝，爆香。放入切好的猪肚，翻炒片刻。淋入料酒，炒匀去腥。

3 放入切好的番茄，炒匀。倒入适量清水。盖上锅盖，用大火煮2分钟，至食材熟透。

4 揭开锅盖，放入适量盐、鸡粉、胡椒粉，搅匀调味。关火后盛出煮好的汤料，装入碗中，撒上葱花即可。

∽ 减糖诀窍 ∽

猪肚含有蛋白质、维生素、钙、镁、铁等营养成分，减糖的同时，还能健脾胃、益气血。

党参猪肚汤

分量1/4份

含糖量4.3克

蛋白质15.7克

热量167.2千卡

材料

猪肚块	400克
淮山药	30克
姜片	20克
党参	15克
红枣	15克

调料

盐	适量
料酒	适量
鸡粉	适量
胡椒粉	适量

做法

1 锅中注入适量清水烧开，倒入洗净的猪肚块，搅拌均匀，加入少许料酒。拌煮一会儿，余去血渍，捞出煮好的猪肚，沥干水分，待用。

2 砂锅中注入适量清水烧开，倒入余过水的猪肚块。再放入备好的姜片，加入洗净的淮山药、党参、红枣，淋上少许料酒提味。

3 盖上盖，烧开后用小火煮约60分钟，至食材熟透。揭盖，加入少许鸡粉、盐，撒上适量胡椒粉。

4 拌匀调味，再转中火续煮片刻，至汤汁入味。关火后盛出煮好的猪肚汤，装入碗中即成。

∽ 减糖诀窍 ∽
党参加猪肚，鲜美又营养，控糖的同时，还可以补充优质蛋白质和维生素。

金汤肥牛

材料

熟南瓜......................300克

肥牛卷......................200克

朝天椒圈..............少许

调料

盐..........................适量

味精......................适量

料酒......................适量

鸡粉......................适量

水淀粉..................适量

做法

1. 熟南瓜装入碗内，加少许清水，将南瓜压烂拌匀。滤出南瓜汁备用。

2. 锅中加清水烧开，倒入肥牛卷拌匀，煮沸后捞出。

3. 起油锅，倒入肥牛卷，加入料酒炒香，倒入南瓜汁。加盐、味精、鸡粉调味，加入水淀粉勾芡，淋入熟油拌匀。

4. 烧煮约1分钟至入味，盛出装盘，用朝天椒圈点缀即可。

∞ 减糖诀窍 ∞

南瓜富含硒、胡萝卜素，搭配蛋白质含量高的牛肉，有利于控糖减肥。若想减糖效果更佳，可用滑菇酱代替水淀粉。

牛筋牛蒡汤

分量1/4份

含糖量 7.9 克

蛋白质 22.7 克

热量 155.7 千卡

材料

去皮白萝卜 200克

去皮牛蒡 80克

熟牛蹄筋 220克

豆腐 200克

姜片 ....少许

枸杞 ....少许

调料

盐 ....适量

做法

1 洗净去皮的牛蒡切厚片；洗好的豆腐切块；洗净去皮的白萝卜切块；熟牛蹄筋切块，待用。

2 砂锅中注入适量清水烧开，倒入牛蹄筋、白萝卜、牛蒡、姜片，拌匀。

3 加盖，大火煮开后转小火煮1小时至熟。揭盖，倒入豆腐块、枸杞，拌匀，续煮10分钟至豆腐熟。

4 揭盖，加入盐，搅拌片刻至入味。关火后盛出煮好的汤，装入碗中即可。

∞ 减糖诀窍 ∞

牛蹄筋含有蛋白质、胶原蛋白等营养成分，搭配牛蒡，减糖的同时还可以强筋健骨。

胡萝卜鹌鹑汤

分量1/4份

含糖量3克

蛋白质12.7克

热量95.9千卡

材料

鹌鹑肉.................200克

胡萝卜.................120克

猪瘦肉.................70克

葱花.....................少许

姜片.....................少许

调料

盐.........................适量

鸡粉.....................适量

料酒.....................适量

做法

1 胡萝卜切滚刀块；猪瘦肉切成丁；鹌鹑肉切小块。

2 锅中注水烧开，放入鹌鹑肉、猪瘦肉。淋上少许料酒，大火余煮约1分钟，捞出待用。

3 砂锅中注适量水烧开，倒入余过水的鹌鹑肉、猪瘦肉。撒上姜片，放入胡萝卜块，淋入少许料酒，拌匀提味。

4 煮沸后用小火煲煮约40分钟，加入少许盐、鸡粉，拌匀调味。转中火续煮片刻，至汤汁入味，撒上葱花即成。

∽ 减糖诀窍 ∽

胡萝卜含有较多的胡萝卜素，搭配富含优质蛋白质的鹌鹑，整体含糖量低，还能满足身体的营养需求。

扇贝白玉菇豆腐汤

分量1/3份

含糖量4.8克

蛋白质14.7克

热量175千卡

材料

扇贝.....................300克

白玉菇.................100克

豆腐.....................150克

葱花.....................少许

姜片.....................少许

调料

盐.........................适量

鸡粉.....................适量

料酒.....................适量

胡椒粉.................适量

芝麻油.................适量

食用油.................适量

做法

1 豆腐切成小块，白玉菇切去老茎，切成段；扇贝去除内脏和污物，洗干净装盘待用。

2 锅中注适量水烧开，倒入豆腐煮约1分钟，捞出备用。

3 另起锅，注适量水烧开，放入姜片、少许食用油。倒入扇贝，放白玉菇，搅拌均匀。

4 放焯过水的豆腐，加入适量盐、鸡粉、料酒，烧开后转小火煮5分钟至材料熟透。

5 撒入胡椒粉，淋入芝麻油，用锅勺搅拌均匀。将煮好的汤料盛出，再撒上葱花即成。

∽ 减糖诀窍 ∽

这道菌菇豆腐汤营养美味、低脂肪，简单易做，是减糖期间的绝佳选择。

佛手瓜扇贝鲜汤

材料

佛手瓜块..............100克

扇贝.....................40克

姜丝.....................少许

葱花.....................少许

调料

盐.........................适量

鸡粉.....................适量

胡椒粉.................适量

芝麻油.................适量

食用油.................适量

做法

1 锅中倒入适量的清水，大火煮开，倒入一些食用油，搅拌均匀。

2 依次将扇贝、佛手瓜、姜丝倒入锅中，搅拌均匀。盖上锅盖，煮5分钟至食材熟透。

3 揭开锅盖，放入少许的芝麻油、胡椒粉、鸡粉、盐，搅拌片刻，使食材更入味。

4 将煮好的汤水盛出，装入碗中撒上葱花即可。

∽ 减糖诀窍 ∽

佛手瓜营养丰富，是很好的减糖食品，有扩张血管、降血压的作用。

蛤蜊鲫鱼汤

材料

蛤蜊.........................130克

鲫鱼.........................400克

枸杞.........................少许

葱花.........................少许

姜片.........................少许

调料

盐.........................适量

鸡粉.........................适量

胡椒粉.........................适量

料酒.........................适量

食用油.........................适量

做法

1　处理干净的鲫鱼两面切上一字花刀；用刀将洗净的蛤蜊打开，待用。

2　用油起锅，放入鲫鱼，煎出焦香味，翻面，煎至焦黄色。淋入料酒，加入适量开水。

3　放入姜片，煮沸后，撇去浮沫。倒入备好的蛤蜊，盖上盖，用小火煮5分钟，至食材熟透。

4　加入适量盐、鸡粉、胡椒粉，放入洗净的枸杞，略煮一会儿。

5　将煮好的汤料盛出，装入汤碗中，撒上葱花即可。

∽∾ **减糖诀窍** ∾∽

这道菜含糖量低，鲫鱼含有钙、磷、钾、镁等营养元素，减糖期间食用还可以保护心血管。

苦瓜蛏子汤

分量1/4份

含糖量2.6克

蛋白质4.9克

热量69.6千卡

材料

蛏子........................250克

苦瓜........................130克

姜丝........................少许

调料

盐............................适量

鸡粉........................适量

食用油....................适量

做法

1. 蛏子放入碗中，加5克盐，注适量清水浸泡。锅中注适量水烧开，放蛏子煮约3分钟，至壳微张开，捞出清洗去除脏物。沥干后待用。

2. 苦瓜去瓤，切片，加入少许盐，搅拌均匀至其变软。再注入适量清水，浸泡后捞出待用。

3. 锅中注入适量清水烧开，倒入少许食用油。撒上姜丝，再放入苦瓜片，用大火煮约3分钟。

4. 倒入处理好的蛏子，加入盐、鸡粉，轻轻搅拌均匀，煮约2分钟，至全部食材熟透即可。

扫码查看

☑ 减糖怎么吃
☑ 烹饪宝典
☑ 经验分享
☑ 推荐书单

∽ 减糖诀窍 ∽

苦瓜的维生素含量相较一般蔬菜更高，搭配富含蛋白质、钙、铁等营养成分的蛏子，减糖又营养。

紫菜鲜菇汤

分量1/5份

含糖量 10.2克

蛋白质 10克

热量 121.7千卡

材料

水发紫菜................180克

白玉菇....................60克

姜片........................少许

葱花........................少许

调料

盐............................适量

鸡粉........................适量

胡椒粉....................适量

食用油....................适量

做法

1 将洗净的白玉菇切去老茎，改切成段，把切好的白玉菇装入盘中，待用。

2 锅中注入适量清水烧开，加入适量盐、鸡粉、胡椒粉，再倒入少许食用油。

3 放入切好的白玉菇、洗好的紫菜，用大火加热煮沸。放入少许姜片，用锅勺搅拌均匀。

4 将煮好的汤盛出，装入盘中，撒上少许葱花即成。

∽ 减糖诀窍 ∽

紫菜富含碘、钙、铁等元素，搭配营养丰富的鲜菇，不仅减糖，还可以消水肿，强身健体。

腊肠魔芋丝炖鸡

分量1/4份

含糖量2.3克

蛋白质15.7克

热量204千卡

材料

鸡中翅....................200克

魔芋丝....................170克

腊肠........................60克

芹菜........................30克

干辣椒....................10克

八角、花椒.........各少许

姜片、葱白.........各少许

调料

盐、橄榄油.........各适量

生抽........................2小匙

白酒........................1小匙

白胡椒粉..............1/2小匙

做法

1 芹菜切成小段；腊肠切成片；鸡中翅对半切开。

2 鸡中翅装入碗中，放入适量盐、生抽、白酒，加入白胡椒粉，拌匀，腌制10分钟。

3 热锅注入适量的清水烧开，倒入魔芋丝，余煮片刻，捞出，沥干水分。

4 热锅注油烧热，倒入葱白、姜片、八角、花椒，爆香。

5 倒入鸡中翅、干辣椒、腊肠，淋入白酒、生抽，注入少许清水，倒入魔芋丝，加盐后炒匀，小火焖10分钟，放入芹菜翻炒片刻，盛出装碗即可。

∽ 减糖诀窍 ∽

低糖、低热量的魔芋，搭配富含蛋白质的鸡肉食用，饱腹感强，是很好的减糖食物。

第七章

时尚减糖甜点

咖啡蛋奶冻

材料

咖啡粉 2大匙
鲜奶油 1/2杯
明胶粉 8克

调料

罗汉果代糖 4大匙
肉桂粉 .... 少许
无糖椰蓉 .... 少许

做法

1 用滤泡的方式将咖啡粉冲泡成约2杯分量的咖啡。

2 将明胶粉加入6大匙水中，充分溶解；鲜奶油打发到不会滴落为止。

3 将咖啡倒入奶锅中，隔水加热使其保持温热，倒入明胶水、罗汉果代糖充分搅拌。

4 用冰水冷却锅底，同时搅拌锅中的材料，待其黏稠度增加后，加入鲜奶油搅拌均匀。

5 将搅拌好的材料倒入模具中，放进冰箱冷藏，凝结成果冻状后取出，撒上肉桂粉、无糖椰蓉即可。

减糖诀窍

❶ 最好选用现磨的咖啡粉，用滤泡的方法冲泡。滤泡咖啡的香气浓厚，可以让这道甜品的味道和香气更加浓醇。

❷ 用冰水冷却锅底时，搅拌至锅中的材料黏稠度增加后即可从冰水中拿出，不用再冷却。

❸ 加了明胶和鲜奶油的奶冻，具有果冻般的弹滑口感，还可用小一些的模具，做成下午茶零食。

分量1/4份

含糖量3.7克

蛋白质3.1克

热量113千卡

减糖提拉米苏

材料

马斯卡邦奶酪....200克

杏仁片 15克

可可粉 2大匙

调料

罗汉果代糖 1大匙

白葡萄酒 2小匙

做法

1 杏仁片用烤箱加热2~3分钟；白葡萄酒用微波炉加热30秒。

2 在碗中放入马斯卡邦奶酪、杏仁片、罗汉果代糖、白葡萄酒，充分搅拌均匀。

3 将搅拌好的材料分装至适合一人份的容器中，撒上一层可可粉，放入冰箱冷藏。

∽ 减糖诀窍 ∽

这款提拉米苏，食材简单，含糖量少，减糖期间可以解馋。

红茶布丁

材料

红茶茶包..............2包

纯牛奶..................410毫升

鸡蛋.........................1个

蛋黄.........................4个

调料

罗汉果代糖.........1大匙

做法

1 锅中倒入200毫升牛奶煮沸，放入红茶茶包，转小火略煮，取出茶包。

2 将蛋黄、鸡蛋、罗汉果代糖倒入容器中，用搅拌器搅匀，倒入剩余的牛奶，快速搅拌，用筛网将拌好的材料过筛两遍。

3 倒入煮好的红茶牛奶，拌匀，制成红茶布丁液，将红茶布丁液倒入牛奶杯内；把牛奶杯放入烤盘，在烤盘上倒入适量清水。

4 将烤盘放入烤箱，调为上火170℃、下火160℃，15分钟后取出，晾凉后冷藏即可。

∽ 减糖诀窍 ∾

制作红茶布丁时，可以用罗汉果代糖，也可用少量白糖代替，是加餐的好选择。

扫码查看
☑ 减糖怎么吃
☑ 烹饪宝典
☑ 经验分享
☑ 推荐书单

抹茶豆腐布丁

材料

内酯豆腐..............200克

牛奶.....................150毫升

抹茶粉.................3小匙

鲜奶油.................1/2杯

明胶粉.................5克

调料

罗汉果代糖........1大匙

做法

1 将明胶粉加入少量冷水中，充分溶解。

2 牛奶用小火加至温热，倒入明胶水，搅拌片刻，关火。

3 内酯豆腐放入搅拌机中，再加入抹茶粉，启动机器，将其搅碎；再倒入温热的牛奶，再次启动机器，搅拌成混合物。

4 鲜奶油用电动打蛋器打发至混合物不会滴落为止。

5 将混合物倒入打发好的鲜奶油中，继续用电动打蛋器搅拌一会儿，分装入小容器中，放入冰箱冷藏。

∞ 减糖诀窍 ∞

❶ 如果用淡奶油，最好提前冷藏12小时，这样才容易打发。打至将奶油刮起来不滴落即可，打发过头会造成水油分离。

❷ 明胶粉要先用冷水溶解，再加入温热的牛奶中，也可用吉利丁片代替，大约需要1.5片。

❸ 将牛奶加热至温热即可，不要煮沸。

分量1/4份

含糖量5.9克

蛋白质6.8克

热量204千卡

黄豆粉杏仁豆腐

材料

甜杏仁.................20克

开心果.................20克

黄豆粉.................3小匙

牛奶.....................400毫升

明胶粉.................7克

调料

罗汉果代糖........1大匙

做法

1 将明胶粉加入少量冷水中，充分溶解。

2 甜杏仁、开心果放入搅拌机中，选择"干磨"功能，将其搅打成粉末。

3 牛奶倒入奶锅中，开火，待牛奶变得温热时加入明胶水、罗汉果代糖，搅拌片刻。

4 加入甜杏仁开心果粉、黄豆粉，充分搅拌均匀，关火。

5 将混合液体倒入容器中，放入冰箱中冷藏，待凝固后即可食用。

∞ 减糖诀窍 ∞

豆腐的蛋白质含量高，制作成甜品，美味可口又能帮助减糖。

海苔芝麻奶酪球

分量1/4份

含糖量1.5克

蛋白质8.7克

热量129千卡

材料

奶酪.........................120克

蛋清.........................2个

豆渣.........................适量

海苔.........................适量

白芝麻.....................适量

调料

食用油.....................适量

做法

1 将奶酪切碎，用手捏成小球状。

2 海苔切碎，和白芝麻一起拌匀。

3 将奶酪球放在蛋清中滚一圈，再放入豆渣中滚一圈，最后均匀地沾上一层海苔芝麻。

4 锅中倒入少许食用油烧热，将奶酪球放在漏勺上，下入油锅中快速炸约30秒后捞出，装盘后食用。

∽ 减糖诀窍 ∽

这道甜品的含糖量低，营养价值高，适合减糖期间解解馋。

减糖怎么吃

掌握减糖饮食原理，
让健康瘦身成为日常。

烹饪宝典

烹饪宝典在手，
控糖美味轻松有。

扫码领取

减糖生活的
"黄金守则"

健康体魄从"吃"开始！

经验分享

分享减糖经验，
共筑健康生活圈。

推荐书单

出版社好书推荐，
拓展你的知识视野。